本当に好きな音を手に入れるための

オーディオの
科学と実践

失敗しない再生機器の選び方

中村和宏

SB Creative

著者プロフィール

中村和宏（なかむら かずひろ）

1967年、大阪府生まれ。5歳からピアノを習う。14歳のころからギターを独学で習得し、作曲も開始。自作曲を演奏するため、ベースも弾くようになる。慶應義塾大学経済学部入学後、バンド活動にいそしむ。ギター、キーボード、ボーカルを担当して、オリジナル・カバーを問わずさまざまなバンドやセッションに参加。大学卒業後、サウンドデザイナーとして株式会社ナムコ（現バンダイナムコエンターテインメント）に入社。効果音制作、音声収録、楽曲制作とゲームサウンド制作全般に従事。「エアーコンバット22」「タイムクライシス」など、おもにアーケードゲームのサウンド制作を手がける。開発機材の導入アドバイザー業務も並行して担当し、当時、まだポピュラーではなかった音響制作機材、Avid Technology「Pro Tools」の導入に関わる。2006年、バンダイナムコゲームス退社後、有限会社モナカに作・編曲家として参加。「テイルズ オブ イノセンス」（Nintendo DS）「同R」（PlayStation Vita）などのサウンドを担当。2010年、同社退社。現在はフリーランスの作・編曲家として活動中。民生機器の音響調整にも関わる。最新作は「タイムクライシス5」。

● audioworkshop
http://www.audioworkshop.jp/

本文デザイン・アートディレクション：クニメディア株式会社
イラスト：クニメディア株式会社、akatuki-walker
校正：曽根信寿

はじめに

　本書を手に取ってくださった皆さんの多くは、音楽を聴くとき、「今よりもう少し、良い音で楽しみたい」と考えている方だと思います。今、使用している再生装置に多少の不満がある方かもしれません。「機器の購入を検討しているけれど、何をどうやって選べばいいのかわからない」という方も多いことでしょう。

　筆者は音楽制作者として、近年は民生機器の音響調整やアドバイスの仕事も行うようになり、このような質問を受けることが多くなりました。

　お勧めの製品を列挙するのは簡単ですが、基礎知識、特に音響の知識があれば、「もっと好みの製品と巡り会えるのに……」と思うこともあります。なので、担当の編集者から執筆依頼を受けたとき、「ここはひとつ、従来のオーディオ本の枠組みにとらわれることなく、自分のこれまでの知識と経験を書籍にしてみよう」と思い立ちました。

　これまで、「私は耳が悪いから」「私には音はわからないから」という、たくさんの方とお会いしました。しかし、実際に比較してもらうと、大抵の人が「こっちのほ

うがいい」「こちらのほうがいい音だ」と語り出します。それでいいのです。その人は、実は自分の好みをしっかり持っていて、それを比較という形なら表現できるのです。そうであれば、それぞれの人がそれぞれの好みの製品を探せばいいのです。

とはいえ、何の予備知識もないままやみくもに比較するのは時間の無駄ですし、ひょっとするとお金の無駄にもなるかもしれません。

一方、知識は自分の判断の根拠となり、自信の裏付けにもなります。基礎的なオーディオの知識とステップアップの手順がわかっていれば、時間とお金を節約し、自信を持って、求める機器により早く出会えるはずです。

基礎となる知識を持ち、そこから自分の好みを割り出していけば、多くの方が自分で好みの製品を選び、今以上に豊かなオーディオライフを楽しめると、筆者は信じています。

本書をお読みいただくことで、誰もが音響に関する基礎的な知識を得て、自分好みのオーディオ再生機器を選べるようになれば、こんなにうれしいことはありません。

一方、オーディオ再生や音量増幅、電気の流れといった電気の知識については、優れた著者の方々が執筆された数多くの書籍が存在するので、筆者は極力、述べていません。

皆さんが耳慣れない、しかし、音を理解するときには必須と言ってもよい、音響についての要点を解説し、そ

れらを活用していただくことで、より良いオーディオライフを送れるよう、心から願っています。

　なお、本書執筆の機会を設け、たび重なる原稿の遅延にも辛抱強くお待ちいただいた、科学書籍編集部の石井顕一さんに、心からの謝辞を表したいと思います。

　それでは音響の世界へようこそ。
　ぜひ、本書を楽しみながらお読みください。

2016年2月　中村和宏

CONTENTS

はじめに 3

Chapter 1　良い音って何だろう? 9
「良い音」と「悪い音」って何が違う? 10
ピカソとウォーホルを比べても意味がない 10
原音にこだわるのは危険 12
情報量不足の音はひどい音 13
オーディオ装置を選ぶポイントは? 14
まずは、良いスピーカーを手に入れる 15
周波数、音量、ステレオ感を理解する 16
鳴っている音と聞こえる音は違う 17
音の3要素①：周波数 18
音の3要素②：音量とラウドネス 29
音の3要素③：ステレオ感 35

Chapter 2　オーディオ再生機器の基礎 41
スピーカーの特性を知る 42
プレーヤー 44
Bluetoothはお勧めしない 45
プレーヤーとしてのPC 46
サウンドデバイス 49
アンプ 51
コントロールアンプの必要性 52
アナログアンプ vs. デジタルアンプ 54
少しだけ歪の話 55
スピーカーの周波数特性カーブ 57
もう1つ大事な周波数帯域「プレゼンス」 64
スピーカーのサイズと音量の関係を考える 69
好みのスピーカーを選ぶために 74
ヘッドフォンのメリットとデメリット 76
ヘッドフォンやイヤフォンの種類 77
ヘッドフォンに必要なヘッドフォンアンプ 82
その他のヘッドフォンに関する四方山話 85
ヘッドフォンの選び方はスピーカーと同じ 86
ハイレゾ音源について 87

ハイレゾうんぬんより、
　　まずはオーディオシステム構築を ……………… 89
エージングは必要？ 不要？ ……………………………… 90
Column 1 機材はどんなお店で買えばいいのか？ … 91
Column 2 やたらに高価なケーブルを
　　　　　いきなり使わない …………………………… 92

Chapter 3 自分が好きな 周波数特性を知る …… 93

周波数特性は人によって好みがある ……………………… 94
より中域を理解するためのボーカル曲 …………………… 98
音程のある楽器としての「ベース」に注目する ………… 100
リファレンス曲で歪みを認識する ……………………… 102
リファレンス曲についてもう少し ……………………… 104
好みの周波数特性カーブを見極める …………………… 106
スピーカーの周波数特性結果を考察する ……………… 110
中央から上下1つ目の目盛り内なら理想 ……………… 111
Column 3 Mac miniは結構うるさい？ ………………… 122

Chapter 4 何を選んで、 どう設置する？ …… 123

高価な機器を一度に揃えない …………………………… 124
低価格の「スターターセット」 …………………………… 125
すでにあるオーディオ機器を利用する ………………… 131
接続方法 …………………………………………………… 132
部屋の音響 ………………………………………………… 132
部屋鳴りを確認する ……………………………………… 136
スピーカーの設置場所と設置時の工夫 ………………… 137
スピーカーを壁にくっつけない ………………………… 138
スピーカーと設置面①～床に直接設置する …………… 140
スピーカーと設置面②～
　　スピーカースタンドに設置する …………………… 145
スピーカーとスピーカースタンドの間はどうする？ … 148
スピーカーと設置面③～机の上に設置する …………… 150
オーディオアクセサリを用いた音響調整 ……………… 151

SB Creative

CONTENTS

リスニングポイントを決める ········· 153
反射音の多い部屋での最初の音響調整 ········· 157

Chapter 5 Mac miniをプレーヤーにする ········· 161

専用プレーヤーとして扱いやすいMac mini ········· 162
Mac miniの良いところとは？ ········· 163
サウンドデバイス、有線/無線接続 ········· 165
有線接続〜サウンドデバイス ········· 169
有線/無線LAN接続〜AirMac Express ········· 172
AirMac Expressの音質は? ········· 175
AirMac Expressの設定 ········· 176
パワーアンプに外付けサウンドデバイスを
　直結する ········· 181
ネットワーク接続〜AppleTVとAVアンプ ········· 186
HDDの注意点 ········· 187
Column 4　光学ドライブは
　　　Apple純正かパイオニア製が無難 ········· 190

Chapter 6 ソフトウェアでもっと快適にする ········· 191

Mac miniが抜群に使いやすい
　音楽プレーヤーになる ········· 192
いちばん最初の設定 ········· 192
iTunesの設定 ········· 196
iOS機器でiTunesをコントロールする ········· 202
Android機器でiTunesをコントロールする ········· 206
Mac mini自体をリモートコントロールする ········· 208
リモートコントロール環境の設定 ········· 210
Rowmote Proでリモートコントロールする ········· 214
省エネルギーモードを設定する ········· 217
Mac miniの起動時にiTunesも自動で起動させる ········· 219

参考文献 ········· 221
索引 ········· 222

Chapter 1

良い音って何だろう？

本章ではまず、オーディオ再生機器の「良い音」とは何か、について考えてみましょう。ここでは、「実際に鳴っている音と、人に聞こえている音は違う」という、「音響心理学」の基礎を解説していきます。音響心理学を知ることで、音に対する理解が深まるはずです。

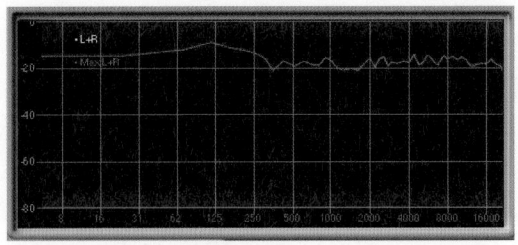

「良い音」と「悪い音」って何が違う?

　誰もが一言で「良い音」「悪い音」という話をします。しかし、実は、音はとてつもなく不思議な世界です。良い音って何でしょう？　良い音、悪い音という話題が一般的になったのは、恐らくオーディオ装置が発明されたころからでしょうから、たかだか100年程度です。

　その間、良い音の論争は世界中で起きていました。音楽制作の現場でも、オーディオ評論の世界でも、当時でいうレコード評論の世界でもありました。今も延々といろいろな人たちが、良い音について語り合っています。

　ただし単に良い音と言ってしまうと、あまりに抽象的すぎます。もう少し具体的に、ある程度、話題を絞らないと、一体その良い音というのは、音楽コンテンツ自体のことを言っているのか、オーディオ装置のことなのか、はたまた自然界で発生している音のことなのか判然とせず、床屋談義的な四方山話になってしまいそうです。

　そこで本書では、音楽コンテンツの再生装置、いわゆる**オーディオ再生機器についてのみ取り上げる**ことにします。なぜなら本書は「サイエンス・アイ」シリーズの1冊であって、文芸評論書ではありません。そして、オーディオ再生機器の世界は**「ある程度」客観的な分析と評価が可能**だからです。これからお話する良い音の基準は原則、このオーディオ再生機器の話だとお考えください。

▶ ピカソとウォーホルを比べても意味がない

　さて、オーディオ再生機器の世界は、言い換えると音響の世界、

つまり「音がどう聞こえるか」の世界です。前述のとおり、音楽コンテンツそれ自体が、良い音かどうかは、個人の主観によるところが大きく、むしろ客観性は重要ではありません。

音楽コンテンツ自体が、良い音かどうかを議論するのは、絵画に例えれば、極端な話、「パブロ・ピカソとアンディ・ウォーホル、どっちが美しい？」と訊くようなものです。1940年代に録音されたモノラル録音を、良い音と感じる人もいますし、それで良いのです。そこは否定するところでも、議論するところでもありません。

音楽それ自体が「良い音かどうか」を語るのはとても楽しいものですが、必ずしも科学的な客観性が、その音楽コンテンツの良し悪しを決めるものではないことを、たいていの人は経験的に知っています。

音質が悪いとされるライブアルバムを、多くのリスナーが熱狂して支持するのはよく見る光景です。そのようなシーンでは、良い音や客観性はあまり意味をなしません。芸術の価値とは、科学的に立証できないからこそあり、これこそ芸術なのです。

それとは別に、良い演奏がなされ、良い録音がなされ、良い音響調整（ミキシングやマスタリングと言われる処理）がなされた音楽コンテンツを、劇場や映画館、ライブハウスに行かなくても自宅で気軽に楽しめるようになったのが、オーディオ再生機器登場の最大の意義です。

したがって、オーディオ再生機器の究極の目標は「音楽コンテンツをそのまま、何も足さず何も引かず、ありのまま再現する」ことになります。**原音再生**という言葉がこれに該当するでしょうか。

ところで皆さん、そんなオーディオ再生機器、ご存じですか？　誰もが「あの機器は原音を忠実に再生している」と認める

機器——筆者は音の世界にいて久しいですが、過分にしてそのような唯一絶対の機器にお目にかかったことはありません。もちろん謳い文句としての「原音に忠実な再生」という文言はよく目にします。しかし、誰もが認める理想的な機器、というものは存在しません。一体、どういうことでしょうか？

▶ 原音にこだわるのは危険

お答えしましょう。そもそも原音に忠実な機器という定義がおかしいのです。

それを示す一例ですが、エンジニアはたいていの場合、2種類以上のスピーカーを使って音響調整を行います。しかし、2種類のスピーカーは同じ音——ではありません。当然違う音がするから違う機器を使うのです。もし、エンジニアが「原音再生」を目指しているのなら、このような事態は発生しません。

実のところ、エンジニアにとって再生機器は、絵画で言うところの、画家が欲しい絵の具程度でしかありません。A社の赤色絵の具とB社の赤色絵の具、どっちも赤色ですが、画家にとっては、A社の方が、今、書いている絵にふさわしいので、今回はA社のものを使ったにすぎないのです。

しかし、次回作ではB社のものを使うかもしれません。絵の具の違いなど「その程度のものだ」と理解していただけるでしょう。音響機器も同じです。音楽コンテンツを忠実に再現してくれるからその機器を使うのではないのです。

ですから、原音にこだわるのは相当危険です。もう少し、科学的に、客観的な判断材料を探した方がよさそうです。そこで出てくるのがいくつかの専門用語です。ようやく科学新書っぽくなってきましたね。

▶ 情報量不足の音はひどい音

　現代的な言い方になるかもしれませんが、オーディオの世界も、平たく言うと、情報量を判断基準にして良いでしょう。わかりやすいのは、一般的な携帯電話（スマートフォン）で音を鳴らしたときです。特に映画コンテンツなどを鳴らしてみてください。大半の人は「……。ひどい音だ」と感じるでしょう。

　ではなぜ、ひどい音と感じるのか？　オーディオにくわしい方は「スピーカーが小さく（製品によっては）モノラルだから。それにアンプもしょぼい」と回答してくださることでしょう。正しいです。しかし、せっかくですから、情報量の観点から、何が不足しているのかを考えてみましょう。

　まず、低音が不足しています。ですから厚みに欠け、ペラペラの薄い音に感じますし、何だか高音がキンキンして聞こえます。そして、映画コンテンツを携帯電話で再生した場合、静かなシーンでは会話以外の音が聞こえません。イヤフォンで聴いてみると、小さい音ですが、風の音や草木の音（ambience：アンビエントと呼ぶことが多い）が入っているのですが。そして「モノラル」だからでしょうか。音に広がりがありません。よって、携帯電話で鳴らす音は、大半の人にとって、ひどい音なのです。

　言い換えると、「低音がしっかり再生されて、高音がキンキンせず、映画の静かなシーンなどでもアンビエントがしっかり聞こえ、音が広がって聞こえ」れば、良い音と呼べるということです。前述の携帯電話をオーディオ再生機器として考えた場合、音の情報不足が発生しています。ですから音の情報量が十分になれば、良い音に近づきそうです。

　ということで、もう少しくわしく、情報としての音を見ていきましょう。しかしその前にサラッと、オーディオ再生機器を選ぶ

際、何がポイントなのか、筆者の考えを少し述べておきましょう。

▶ オーディオ装置を選ぶポイントは？

　まず、多くの人はきっと律儀なのでしょう。「まず、良いプレーヤーを買って、アンプも良いものを買って、それからそのシステムに合うスピーカー、もちろんケーブルも高級なものの方が良いし、設置するときのアイソレーター（インシュレーター）またはスタビライザーも……」という方をよく見かけます。ところが、「でも、総額は高くなる一方なのに、組み合わせもあるというし、何をどうしたら良いのかわからない……」という声もよく聞きます。しかも、オーディオにくわしい人の話を聞くと「いや、まずは電源だね」とか「いや、まずは部屋だね」とおっしゃる……。

　でも、オーディオを楽しむのに、そんなに高額の投資が必要なのでしょうか？　賃貸住宅ではオーディオは楽しめないのでしょうか？

　結論から言うと、マニアのいうことにも一理ありますが、皆が皆、そこを目指す必要はありません。筆者は音楽制作者の端くれとして、「そんなにお金はかけられないから、今ある適当なオーディオ装置で再生する」よりは「かけられるお金で、自分の気に入った音で再生する」リスナーの方がずっとうれしいですし、自分自身もずっとそうしてきています。筆者のシステムを最高という人はまずいませんが、ダメ出しされるほどひどくはありませんし、費用対効果は高いと自負しています。

　では、何が問題かというと、オーディオの世界が半ば好事家のものになってしまっていて、部外者からは、**お金をどのくらいかけられるかを競い合う世界に見えてしまう**ことです。

　そのくせ、湯水のようにお金を使っても「うちの装置の音が、

ピンと来ない」という方もいますし、筆者のようにほどほどの予算で満足できる人もいます。筆者は、基本的に費用対効果で見て、楽しむ本人が満足できれば、それが正解だと考えます。しかし、高額の投資をしても満足の行く結果が得られない人もいるので、やはり、ある程度のコツはあるでしょう。以下にそれを述べます。

▶ まずは、良いスピーカーを手に入れる

装置を選択する場合、まず、プレーヤー、アンプ、スピーカーを選びます。ケーブルなどは後回しで構いません。中でもいちばん大事なのは、**間違いなくスピーカー**です。アンプでもプレーヤーでもありません。なぜでしょうか？　理由は簡単です。**音は空気の振動で、最終的にアナログである人の耳に入ってくるものだから**です。スピーカー、アンプ、プレーヤーの中で、人の耳にいちばん近い装置は何でしょう。そう、スピーカーですね。

しかも、CDプレーヤーが出回りはじめた30年前ならいざ知らず、今のデジタルプレーヤーは非常に高い再生能力を持っています。アンプにいたっては、真空管のころからその再生能力はそもそも高く、十分な駆動能力（オーディオ信号の増幅能力）を備えています。結果、プレーヤーやアンプを変えた変化の幅よりも、スピーカーを変えた変化の幅の方がはるかに大きいのです。もっと言うと、どんなにプレーヤーとアンプの再生能力が高くても、スピーカーの再生能力が低ければ、プレーヤーの奏でる音が正しくあなたの耳に伝わることはありません。なのに、スピーカーを検討せず、「まずプレーヤー」「いや、まずアンプ」という方が多いのには驚かされます。

しかも、スピーカーは設置場所を選ばなければいけません。一度購入したら、それこそマニアでもない限り、そうそう頻繁に取

り替える人はいません。だから、スピーカーにいちばんお金をかけて、その後に買える金額のアンプを選ぶのが正解なのです。プレーヤーをデジタルプレーヤーやPCにするなら、ある程度のクオリティの再生品質を維持することは、それほど難しくありません。まず、スピーカーにお金をかけましょう（図1-1）。

しかしその前に、**情報としての音**を理解するため、少々専門的な話を続けます。

図1-1　スピーカーの性能が悪いと、その前段の品質も台なし

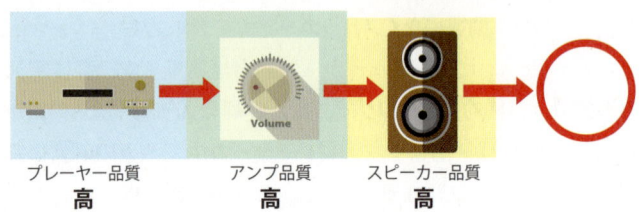

スピーカーの音質が良ければ、音質劣化は最小限に抑えられる

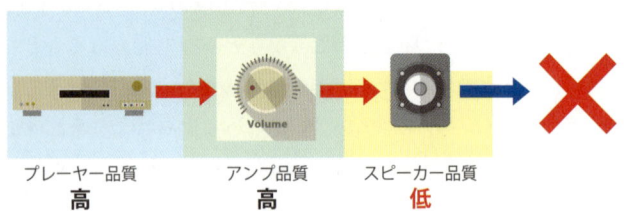

スピーカーの音質が悪ければ、前段の品質は活かされない

▶ 周波数、音量、ステレオ感を理解する

情報として音を理解するにあたり難しいのは、「音の全景を1枚の絵のように把握することはできない」という点でしょう。いろいろな用語が出てきますし、たいていの人にはチンプンカンプ

ンです。これは絵画と彫刻に例えられます。絵画は絵の前に立って、全景を把握できます。しかし、彫刻はそうはいきません。「表から見たのと、裏から見たのでは全然違った」ということは、ままあります。よって、彫刻を理解するにあたっては、まずいろいろな角度から見ることで、初めてその全貌を知ることができます。音もこれと似ています。多面的な理解が必要です。

さらに悪いことに、音は目に見えません。そこで、目に見えない音という空気の振動を理解するため、古来からさまざまな研究がなされてきました。本書でもその一部を活用し、できるだけわかりやすく、読者の皆さんに音を理解する方法を知ってほしいと考えています。

本書では、情報としての音を知るため、最も基本的な要素のうち周波数、音量、ステレオ感を使用して、音について解説していきます。大別すれば、この3つの角度から分析すれば、大体のところは理解できるからです。

▶ 鳴っている音と聞こえる音は違う

ただし、ここで注意が必要です。この3つについて解説する前に、もう1つ知っておいていただきたいことがあるからです。皆さんは音響心理学という言葉を聞いたことがあるでしょうか？ 音響の心理学というと、なんだか胡散臭いイメージを持つ人もいるでしょう。これは、言葉がよくないと筆者は考えています(原語はPsycho-Acoustics)。むしろ音響認識学(Acoustics Perception)とした方が良いのです。呼び名はともかく、この研究結果を踏まえることなく、音について語るのはかなり無理があります。

では音響心理学とは何でしょう？ これは音の研究の中でも特に「実際に鳴っている音と、人に聞こえる音は違う」という現象

を取り上げた、音の多面的な理解を行う上で必須の研究成果です。

具体例を挙げましょう。あなたはある講演をICレコーダーで録音しました。聞き直してみると、現場で聞いた音と、レコーダーから聞こえる音は、「何がどう」とは言えませんが、明らかに違います。そしてたいていの場合、「これはマイクの品質の(悪さの)せいだ」と思うでしょう。しかし、マイクの品質以上に、「実際に鳴っている音」と「あなたがその場で聞いた音」は違うのです。そもそも、人の耳は「自然界で鳴っている音をそのまま聴く」わけではないのです。

もう1例、挙げましょう。例えば複数の人がしゃべっています。あなたはちゃんと、今、自分が聴きたい会話を聴いて、理解できています。しかし、その現場をICレコーダーで録音して聞き直すと、しゃべっている人全員の声がごちゃまぜになっていて、非常に聞き取りにくいはずです。これも、鳴っている音と聞こえている音が違う例の1つです。

こういうことを研究した成果が、音響心理学なのです。このエッセンスには、後ほど、少しずつ触れていきますが、まずは、「鳴っている音と、人に聞こえている音は異なるのだ」「それは、研究成果として実証されているのだ」ということを知っておいてください。

▶ 音の3要素①：周波数

先ほどの「低音が足りない」「高音がキンキンする」ですが、こういった問題を解決するにあたり、ぜひ知っておいていただきたいのが**周波数**という言葉です。『大辞林』によると、「電波・音波・振動電流など周期波の毎秒の繰り返し数。単位はヘルツ(Hz)」とあります。このように、周波数自体は汎用的な言葉ですが、オ

ーディオの世界で周波数と言うと、**音の高さのことを表す大切な用語**になります。

中学校の物理の授業で習ったと思いますが、**音は物体が運動したときに発生する、目に見えないエネルギー**です。これが空気を伝わって人の耳に届きます。ギターの弦（げん）を考えてください。1本軽くはじいてみると、弦が振動するのが見えます。この振動によって空気に圧力がかかり、弦の振動する方向に向かって空気が押されるのです。押された空気は変化します。

圧力により変化した空気は四方八方に伝播します。お皿に水を張って、一滴水を垂らすと、そこから波が伝播していきますね。あれと同じ理屈です。そして伝播した一部が、最終的に人の耳に届いて音が聞こえるのです。

振動である以上、**振幅の幅**や**振幅の周期**があります。振幅の幅は平たくいうと、**その音の大きさ**を表します。振幅の幅が大きければ大きいほど、その音は大きく聞こえます。振幅の幅は、エネルギーの大きさを表しているとも言えます。また、振幅の周期が遅ければ遅いほど、その音の高さは低くなり、速ければ速いほど、音の高さは高くなります。「コントラバスはなぜバイオリンより音が低いのか」——理由はこれです。張られている弦の長さが長いため、振幅の周期が遅いのです。

振幅の周期によって音の高さが変わるので、音の高さを表すには、振幅の周期の逆数（掛けて1になる数字。例えば $\frac{1}{5}$ の逆数は5）を用います。これが周波数です。あまり難しく考えず、「周波数の値が高い＝音が高い」と覚えていれば問題ありません。高い周波数を高周波と言い、低い周波数を低周波と言います。なお、本書では後々説明しやすいように、あくまで便宜的ではありますが、次のように定義しておきます。

50Hz以下：重低音
50〜150Hz：低音
150〜600Hz：中低音
600Hz〜1.8kHz：中音
1.8〜4kHz：中高音（プレゼンス帯域）
4〜10kHz：高音
10kHz以上：超高音

　また、周波数を横軸に、音の大きさを縦軸にしたグラフを周波数特性と呼びます。「CDの周波数特性は20Hzから20kHz」などという文言でおなじみなので、聞いたことがあるでしょう。計測に使用した音は図1-2の周波数特性を持っています。これに近ければ良い周波数特性と言えますが、携帯電話でこの音を再生し、携帯電話の音をマイクで計測して、周波数特性で表示すると、大体図1-3のようになります。参考までに、同じ音を筆者宅のスピーカーで再生したグラフも掲載しておきましょう。図1-4です。

図1-2　計測に使用した音の周波数特性

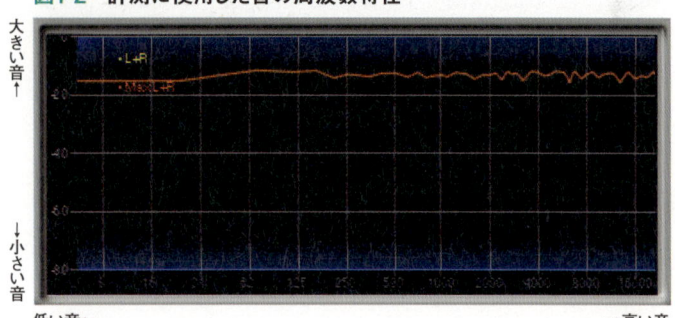

元の音をスピーカーなどで出さずに、コンピューター内部で計測した結果。ピークレベルを計測しているが、ご覧のとおり、非常にフラットな形状（波形）をしているのがわかる

図1-3　図1-2の音を携帯電話で再生し、計測した周波数特性

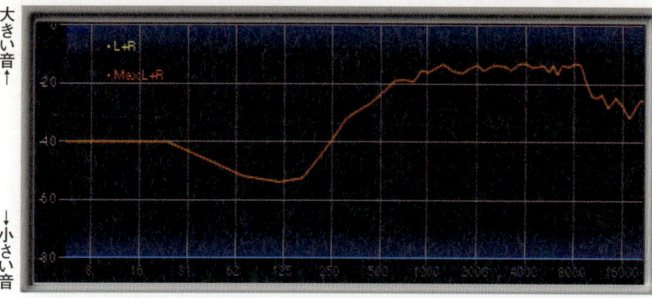

低い音←　　　　　　　　　　　　　　　　　　　　　　　　　　　→高い音

こちらはやや古めのスマートフォンで、同じ音を再生して計測したもの。レベルに差がありすぎるので、見やすくするため、平均音圧レベルをコンピューター内部で、ある程度揃えている。750Hz付近から左（より低い音）に行くと急に落ち込み、ほぼ180Hz付近でほとんど何も再生されなくなる印象。それ以下が多少盛り上がっているのは、計測した場所の環境ノイズ。録音レベルが低いので、レベルを揃えると、このように相対的にノイズレベルが持ち上がってしまう。実際は、180Hz以下をほぼ再生できない。750Hz以下から急峻に下がっているので、低音どころか中低域も再生されていないのがわかる

図1-4　図1-2の音をスピーカーで再生し、計測した周波数特性

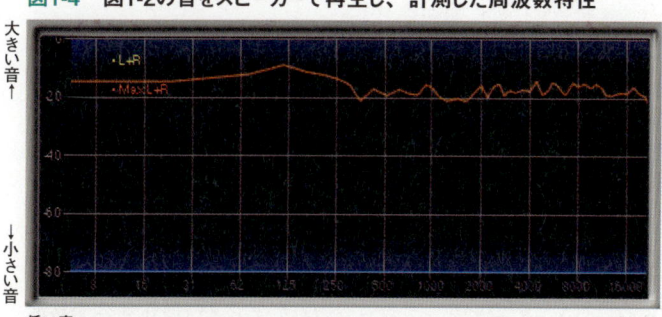

低い音←　　　　　　　　　　　　　　　　　　　　　　　　　　　→高い音

筆者宅の音楽制作用2.1chスピーカーのツイーター真正面にマイクを設置して計測した結果。ご覧のとおり、元の音より250Hz付近から左（より低い周波数）が、それより右と比べてやや強く、125Hzにピークが存在する。これは恐らく、サブウーファーがサテライトのステレオスピーカーより若干大きめの設定になっているから。しかしそれを除けば、20kHz付近までほぼフラットに再生されており、周波数特性は非常に優秀と言える

……随分違いますね。

ちなみに、グラフの左に行くほど周波数は低くなり(音が低くなり)、右に行くほど周波数は高くなり(音が高くなり)ます。また、上に行くほど音は大きくなり、下に行くほど小さくなります。比較すべき元の音は、ご覧のとおりほぼ水平です。しかし、携帯電話のスピーカーから計測した周波数特性グラフの形状は、この元の音の特性からは考えられないくらい乖離しています。

「携帯電話の音がしょぼい」「音が悪い」と感じる1つの理由は、このグラフのあまりに大きな形状の違い、が挙げられます。先ほど「原音に忠実な再生機器はあり得ない」と書きましたが、いくら何でもこの差は大きすぎます。

基本的な知識として覚えておくべきことは、「このグラフが完全にイコールになることはない。しかし、近ければ近いほどコンテンツの原音に近くなる」ということです。ですから、ここまでグラフが乖離すると、もう別の音です。

もちろん、他にも理由はたくさんあるのですが、この再生機器の周波数特性の乖離は、「音が良くない」と感じる大きな理由の1つです。音の良し悪しについて語られる際、まず周波数特性が話題になるのは、これが理由です。

再生機器について焦点を当てる際に重要なのは、元の音とスピーカーから再生される音の周波数特性がイコールではない故に、どれくらい近いかです。この場合、グラフの形状が大事になるということを覚えておいてください。よく「フラットが良い」という言い回しがありますが、通常、計測に使用する音源は凹凸のないフラットなグラフになるものを使用しているので、フラットな形状が、期待される理想的な結果になるのです。「フラットだから良い」のではなく「音源の形状に限りなく近い」のが良いのです。

・周波数～基音と倍音

　先ほどは「周波数特性」について触れました。周波数については、他にも知っておくとよいトピックスがいくつかあります。まず1つは**基音**と**倍音**です。自然界の音には、すべて固有の周波数特性があります。「完全に同一のものはない」と言って差し支えありません。また、人が話すときは、破裂音、濁音なども交え、さまざまな発音を駆使します。さらに、人は「男性の声はたいてい、低い」「女性の声はたいてい、高い」「この男性の声は、あの男性の声より高い」などを聞き分けることができます。

　物質の運動によって空気が振動することで生じる音は、周波数という切り口で分析すると、基音と倍音で構成されています。**基音とは、生じた音の中でいちばん低い音**です。そして、音の高低は、基音の高低によって認識されます（**図1-5**）。

　基音自体は、ほぼサイン波に近い単純波形です。しかしこれだけだと「ポー」「ボー」という音にしかなりません。ここに非常に複雑な倍音と呼ばれる大量の成分が加えられることで初めて言語になるし、言語なら何を言ってるのかわかるようになり、誰の声か認識する——つまり声色の違いを認識できるようになるのです。

音＝基音＋倍音

です。なぜこんな話をするかというと、声だけでなく、楽器の音色なども、もちろん基音の高さと倍音成分で決められるからです。例えば、バイオリンとコントラバスです。どちらも前述のとおり、弦が振動して音＝空気の振動が生じるのですが、コントラバスの弦は、バイオリンより太くて長いので、振動はゆっくりです。そ

うすると音は低くなります。言い換えると、「コントラバスの基音はバイオリンの基音より低い」のです。もちろん、弦を押さえた箇所によって音程は変わるので、この場合、どこも押さえない開放弦を鳴らしたときの話です。

この基音の高さと、その上に構成される非常に複雑な倍音成分によって、人は楽器が奏でる音を「これはコントラバス、あれはバイオリン」と認識できるのです。

基音を、ある一定の決まり（通常は平均律）に従って配列したのが、いわゆる「音程」——つまりドレミファソラシドです。ですから、調律された楽器の場合は基音＝音程という理解もできます。

少々脱線しますが、この基音と倍音を加工する楽器が、シンセサイザーです。特にアナログシンセサイザーは、音を発するオシレーターというパートと、そこに乗っている倍音成分を増やしたり減らしたりする、フィルターと呼ばれるパートがあります。シンセサイザーは、フィルターで倍音を加工することで、自然界にはないあの独特の音を奏でるのです。

図1-5　基音と倍音

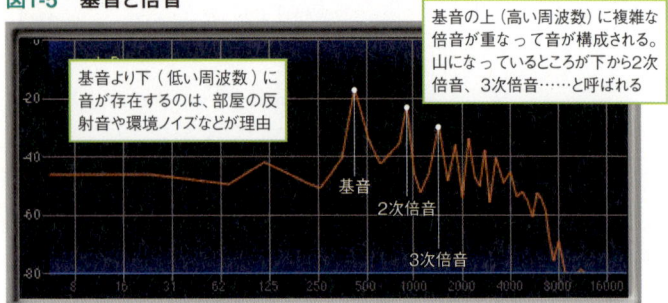

ピアノのA4＝440Hzの音を再生し、計測した周波数特性。最低音の440Hz以上に、非常に複雑な倍音が乗っているのがわかる

・周波数〜各楽器の周波数帯域

さて、基音と倍音を説明したところで、いろいろな楽器の基音＝音程の有効範囲を、周波数のグラフで見てみましょう（図1-6）。

CDの周波数特性は20Hz〜20kHzなのに、基音の有効範囲だけ見ると、**案外どの楽器もそんなに高い周波数まで出ないことが**わかります。もちろん**倍音が乗るとこうはならない**のですが、基音だけで見ると、上限が1kHz前後と、案外低い周波数であることがこのグラフからわかります。例外は、ピアノやオルガンといった音域の広いピアノ系の楽器や、ピッコロ、バイオリン、シロフォンといった高音楽器くらいです。

重ねて書きますが、倍音が乗るとこの限りではありません。あっという間にこのグラフの上限の10kHzを超えて20kHz以上に到達します。しかし、今、説明したいのはそこではないのです。

基音は、その音の高さ（楽器や音楽の場合は音程）を知るために重要です。特に低音楽器は音楽の土台を支えるので、**低音楽器の基音がどのくらいしっかり出ているかが、オーディオ機器の良し悪しの判断基準**にすらなります。

一方、ボーカルやメロディ楽器のような場合は、むしろ倍音の方がより重要だったりします。例えば、ボーカルを考えてみてください。ボーカリストはたいてい、歌詞を歌います。リスナーはこの歌詞の変化＝非常に複雑な倍音の変化を聴き取るわけですから、倍音の方がむしろ重要なのです。さらに、高音楽器にいたっては、むしろ「基音が聞こえないくらいでちょうど良い」場合もあります。このように、**楽器が担当する音域によって、基音の重要度は変化**します。

基音が最も重要なのは低音楽器、コントラバスや、エレクトリ

ックベース、シンセベースといったメロディ楽器、バスドラムやティンパニといった低音を担当するパーカッション楽器です。

この情報を踏まえた上で、続けて音響心理学において発見されたMissing Fundamentals(失われた基本波)についてお話ししましょう。

・周波数〜失われた基本波

次ページのグラフで、コントラバスを見てみましょう。下限は約40Hzです。ピアノだとさらに30Hz付近まで到達します。

ところで、皆さんの自宅にあるスピーカーの周波数特性を調べてみてください。

大体、説明書の「主な仕様」欄に**再生(可能)周波数(帯域)：○○Hz〜○○kHz**などと記載されています。

再生可能な下限周波数のことを**カットオフ周波数**と呼びますが、このカットオフ周波数が30Hzまで到達するスピーカーはなかなかないのです。40Hzだって難しいのです。40Hzを再生できるスピーカーならば、かなり周波数特性に優れた大型のスピーカーをお持ちということです。

たいていのブックシェルフ型(小型で背の低いもの)スピーカーは、せいぜい下限周波数が70〜80Hz、数千円のマルチメディアスピーカーでは200〜300Hz、携帯電話にいたっては500Hzにも満たないものがほとんどです。

ということは、ブックシェルフ型スピーカーなどで音楽を再生した場合、**大切な低音楽器の基音は、ほとんど聞こえていない**ことになります。

でも……おかしいですね。私たちはそういうスピーカーで聞いた音を基に、普通に「このベースライン、良いよね」などと会話して

図1-6　各楽器が演奏可能な音域

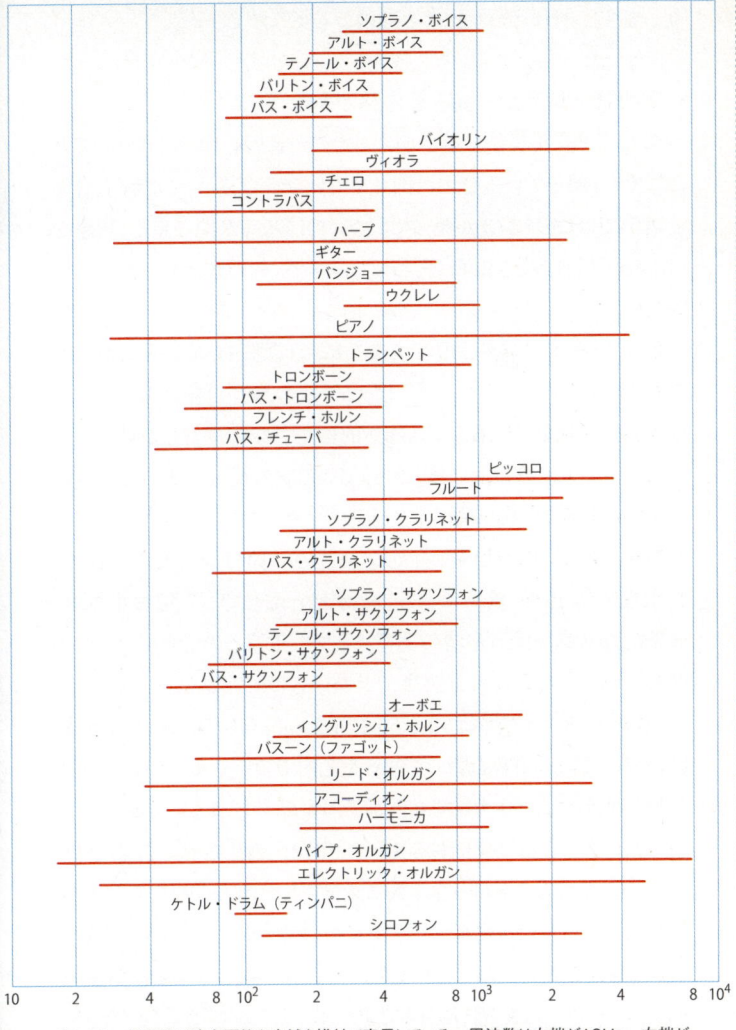

- ソプラノ・ボイス
- アルト・ボイス
- テノール・ボイス
- バリトン・ボイス
- バス・ボイス
- バイオリン
- ヴィオラ
- チェロ
- コントラバス
- ハープ
- ギター
- バンジョー
- ウクレレ
- ピアノ
- トランペット
- トロンボーン
- バス・トロンボーン
- フレンチ・ホルン
- バス・チューバ
- ピッコロ
- フルート
- ソプラノ・クラリネット
- アルト・クラリネット
- バス・クラリネット
- ソプラノ・サクソフォン
- アルト・サクソフォン
- テノール・サクソフォン
- バリトン・サクソフォン
- バス・サクソフォン
- オーボエ
- イングリッシュ・ホルン
- バスーン（ファゴット）
- リード・オルガン
- アコーディオン
- ハーモニカ
- パイプ・オルガン
- エレクトリック・オルガン
- ケトル・ドラム（ティンパニ）
- シロフォン

10　　2　　4　　8　10^2　2　　4　　8　10^3　2　　4　　8　10^4

グラフは、各楽器が演奏可能な音域を横軸で表示している。周波数は左端が10Hz、右端が10kHz

出典：Music, Physics and Engineering - Fig. 6.

います。低音パーカッションのロール(連打)で凄い迫力を感じたりします。一体どういうことなのでしょうか?

・人の耳は倍音から基音を推測できる

　この不思議な現象を解き明かしたのが音響心理学です。つまりここでも「鳴っている音と、聞こえている音は違う」のです。音響心理学ではこの「基音が鳴っていないのに基音が聞こえる」現象をMissing Fundamentals (失われた基本波)の原理として説明しています。

　簡単に言うと、人は**倍音構成を瞬時に感知して、そこから基音を類推できる**のです。例えば、50Hzの基音自体はスピーカーから再生されない、もしくは相対的に小さな音量でしか再生されていなくても、その上に乗っかっている倍音構成によって、瞬時に50Hzの基音が鳴っていると感じているのです。

　繰り返します。楽器の有効な基音の範囲は思ったより狭く、一部を除き1kHz以下であることがほとんどです。その中でも、音楽的な意味で低音楽器の基音はとても重要なのですが、現実のスピーカーには、これを再生できないものが非常に多いのです。しかしながら、人の耳はMissing Fundamentals (失われた基本波)の原理に従い、倍音を聴いて基音を脳内で補完します。ですから、私たちは小型スピーカーでも低音楽器を聴き取れるのです。

　とはいえ、やはり実際に30Hzや40Hzが再生されるスピーカーの方が、低音はよりはっきり聞こえますし、迫力も感じられます。なぜなら、低音のエネルギーは中音や高音と比べて大きく、俗に言う「低音の迫力」は、低周波が持つ特有の大きなエネルギー(振動)とセットで認識されるからです。

　失われた基本波の原理に従い、倍音で低音を聴くと、低音を

認識できても、その大きなエネルギーである振動を感じることはできません。大型で低周波まで再生可能なスピーカーで聴いたとき、「低音の迫力が違う」という表現がありますが、これは**低周波が本来意図されたとおりの強さで聞こえているだけでなく、低音の大きなエネルギーもきちんと再生されているから感じる結果**なのです。

なぜ、低周波の再生に優れたスピーカーが良いとされるのか——これでおわかりいただけたことでしょう。逆に、俗に言う「低音酔い」する方や、あまり低音のエネルギーを感じたくない場合は、むしろブックシェルフ型スピーカーの方がよい場合もあるのですが、このMissing Fundamentals（失われた基本波）を知ることで、その理由が理解できるのです。

▶ 音の3要素②：音量とラウドネス

次に音量についてです。音量も音響心理学を用いた理解が重要です。そして、周波数の理解とも密接に結びついています。皆さんは、「オーディオ装置のボリュームを下げたら、何だか迫力がなくなった。良い音ではなくなった」という経験がありませんか？　デジタルオーディオプロセッサーなどで補正している装置でない限り、**ボリュームを下げると確実に迫力はなくなりますし、良い音ではなくなったように聞こえるのです。**「そんなの音量が小さくなったからだろ？」とおっしゃる方。正解です。ただ、正確には**「音量が小さくなると、人の耳は相対的に低音と高音がより小さく聞こえるようになる」**からです。

注意深く音量を下げて、同じ音源を聴き比べてください。**明らかに低音と高音から聞こえづらくなっていくのがわかります。**例えばポップスであれば、ベースやバスドラム（低音楽器）、ハイハ

ットやシンバル（高音楽器）から聞こえづらくなっていきます。

逆に、音量を上げていくとどうでしょうか。隣家から苦情が来るくらい大きなレベルで再生すると、ボーカルミュージックならボーカルも十分大きな音ですが、低音や高音がより強く感じられます。これは、スピーカーやアンプの変化ではありません。人の耳の特性なのです。

その人の耳の音量と周波数に関する特性をグラフにしたのが**等ラウドネス曲線**です（図1-7）。縦軸が音圧レベル、横軸が周波数です。音圧レベルは、簡単に言うと音量をdB（デシベル）という単位で表したものです。等ラウドネス曲線は、**人が同じ音圧レベルだと感じる周波数ごとの等高線**です。各等高線は、ある決まった音量で音を再生した結果、人が同じ音量に感じる周波数ごとの分布を示しています。

例えば、20phon（ホン）のグラフ（新規格）を見てください。1,000Hz（= 1kHz）付近だと20dBで、phon = dBなのに、同じ音量の20Hzを聴くためには90dBと、4.5倍もの音圧レベルが必要です。低音ほどではありませんが、10kHzを聴くためには、やはり35dB程度、1.5倍以上の音圧レベルが必要です。

ところが、80phonと再生する音量を4倍にすると、20Hzで1.5倍の120dB、10kHzで1.2倍弱の95dB弱と、先ほどに比べて変化幅が小さくなっています。

等ラウドネス曲線にはいろいろな研究結果があり、値やグラフの形状は多少異なりますが、オーディオ装置の話をする際、その差異はそれほど重要ではありません。大切なのは、「人の耳は、同じ音量で音源を再生しても、周波数（特に低周波と高周波）によって大きく感じたり、小さく感じたりする」「人の耳は、音量が変わると低周波と高周波の聞こえ方が変わる」という音響心理学

図1-7　等ラウドネス曲線

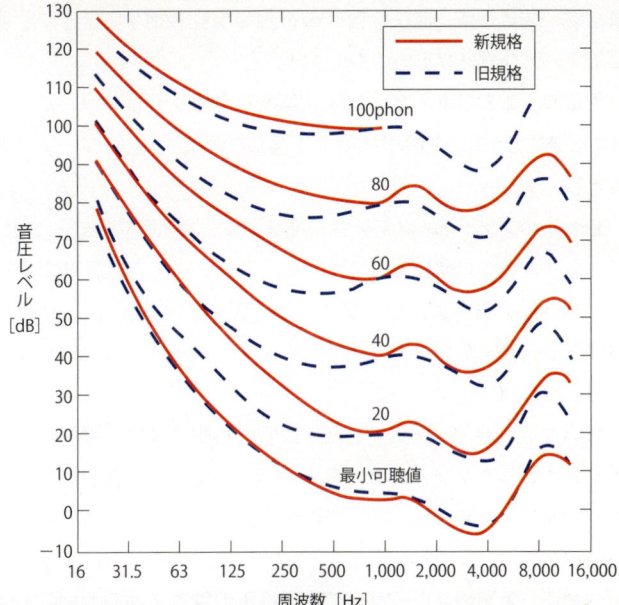

音の強さ（音圧レベル）を一定に保ったまま周波数を変化させると、ラウドネス（感覚的な音の大きさ）は、大きく変化する。そこで、逆に周波数を変化させたときにラウドネスが同じになるような音の強さのレベルを、周波数の関数として求めることができる。このラウドネスが等しいレベルを結んでいった等高線を等ラウドネスレベル曲線、あるいは等ラウドネス曲線と呼ぶ。ちなみに、2003年に改定され、青い破線が旧規格、赤い実線が新規格のものとなる

出典：産業総合研究所

の研究結果です。

　音量が変わると聞こえ方が変わる——いかがでしょう？　これ1つでも、いかに原音再生という話題が不毛かがわかるでしょう。仮に理想的な、原音に忠実な再生機器があっても、音量が違えば低音と高音の聞こえ方は変わってしまうのです。原音再生とい

うマーケティングワードに惑わされないためにも、この知識は必須です。スピーカー選びや自分の再生環境を検討するときにも重要です。ぜひ覚えておいてください。

さらに、ここでオーディオ再生機器の適切な音量についても述べておきましょう。右の図1-8をご覧ください。大体イメージできるでしょう。

50m先のジェットエンジン音は凄まじく、140dBにも達します。ロックコンサートが120dBですから、これより大きい音量でオーディオ再生する方は、なかなかいないでしょう。実際、この図におけるオーディオ再生機器(図ではステレオ)の再生音量は65〜95dBくらいです。

言い換えると、オーディオ再生機器の再生音量は、機器がどんなに大きかろうと、どんなに電力を食うシステムであっても、小さいシステムと比べて、再生音量の上限、下限はそれほど変わらないのです。

つまり、**大きいスピーカーが設置場所の問題で置けないことはあっても、大きいスピーカーは音量も大きいから置けない、ということはないのです**。例えば、スマートフォンやPCでも、80dBを超える音量で音楽再生できるものはあります。ただ、低音がほとんどなかったりするので、大きなスピーカーで再生したときのような周波数特性が得られないだけです。

・環境ノイズとダイナミックレンジ

自然界には必ず定常的なノイズが存在します。「サー」や「ゴー」とかいう音です。これを本書では環境ノイズと言います。無響室に人が住むのは不可能です。ですから、私たちは必ず環境ノイズと共に暮らしています。中でもフロアノイズと呼ばれる、部屋に

図1-8　いろいろな音の音圧レベル

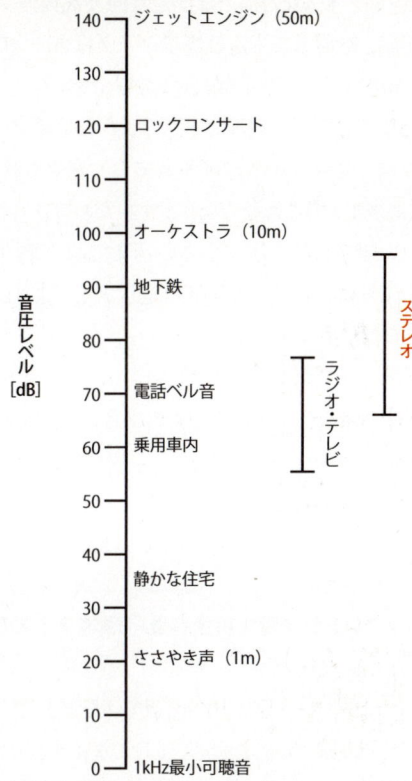

オーディオ装置の再生音量は65〜95dBくらい。再生音量の上限、下限は、大きいスピーカーでも小さいスピーカーでもそれほど変わらない

出典：加銅鉄平『わかりやすいオーディオの基礎知識』（オーム社、2001年）

定常的に（一定のレベルで）存在するノイズは低周波であることが多く、エアコンのノイズなどは、ほぼ定常的な高周波ノイズです。静かと感じても、計測してみると環境ノイズは30〜40dBくらいになります。30dB以下だと相当静かな部屋です。

非常に重要な点として、環境ノイズのような定常ノイズの音量より小さい音は、定常ノイズに埋もれて（「マスクされる」などと表現することが多い）聞こえなくなります。なので、音情報をすべて聴き取りたい場合、いちばん小さい音まで聴き取りたければ、オーディオ装置を設置している部屋の定常ノイズより、再生される音が大きくなければいけません。

例えば、環境ノイズが30dBの部屋で、オーディオ装置を使用して音楽を最大95dBくらいで再生する場合、あなたの耳に聞こえる音量は95dB − 30dB = 65dBです。言い換えると、環境ノイズ30dBの部屋で、最大95dBの音量でオーディオ装置を再生する場合、あなたの環境のダイナミックレンジは65dBになります。

ダイナミックレンジ＝最大再生音量ー環境ノイズの音量

「CDのダイナミックレンジは100dB近い」などと聞いたことがある人は不安になりますね。ただし、CDのダイナミックレンジはアンプによる増幅前の値です。また、最近は音響調整技術が向上しており、「リマスタリング」などを行って、事前にダイナミックレンジをぐっと圧縮し、小さい音でも迫力を感じることができる処理が行われています。中にはダイナミックレンジが30dB弱まで圧縮されることもあり、そうなると、オーディオ装置の最大音量を60dBと小さく設定しても、まだすべての音が聴き取れることになります。

とはいえ、実際のダイナミックレンジを曲ごと、アルバムごとに計測してボリュームを変更するのは、今のところ不可能です。ここで覚えておくべきことは、

① 部屋には必ず環境ノイズが存在する。
② 環境ノイズ以下の音量で再生される音はマスクされて聞こえない。
③ これにより、小さい音量でオーディオ再生すると、環境ノイズにマスクされて聞こえないことがある。
④ 従って、ディテールにいたるまで詳細に音を聴きたい場合、再生時は、ある程度の音量が必要になる。またはノイズ源をつきとめてノイズを減らす。

という点です。

▶ 音の3要素③：ステレオ感

　オーディオ装置はその出現当時、**モノラル再生**でした。音源もそれに合わせてモノラル盤が一般的でした。モノラル再生に必要なスピーカーは1台だけです。しかしその後、**ステレオ再生**機器が現れ、あっという間に「世の主流はステレオ装置」の時代が長く続きました。ステレオ再生にはスピーカーが2台必要です。コスト的には明らかに不利でしたが、ステレオ装置はいまだ次世代規格であるサラウンド装置を凌ぐ市民権を得ています。

　本書では基本的に、ステレオ装置について取り上げますが、ステレオ装置が最も支持された最大の理由は、通常、人の耳は2つあるからです。障害のある方などはもちろん別ですが、そうでない人は通常、左右2つの耳を用いて音源の定位(音が鳴る場所)

をほぼ意識することなく認識します。

　オーケストラのバイオリンセクションは通常コンサートホールの下手（しもて）、コントラバスセクションは上手（かみて）に位置しますが、モノラル音源だと、すべてど真ん中から聞こえてしまいます。これは、リアリティという意味でいま一つです。やはりバイオリンセクションは左から聞こえてほしいし、コントラバスセクションは右手から聞こえてほしい。ステレオ装置が生まれた理由は恐らくこれです。観客席で正面の演奏を聴くように、ステレオ装置の前でステレオ感が得られる。音源の鳴っている場所がわかる。それこそが「情報としての音」の一部であり、リアリティにつながり、長く支持されている理由でしょう。

　ですから、ステレオ感は非常に重要です。しかし、ステレオ装置において、ステレオ感が得られるかどうかは、主に設置環境によるところが多いのです。よく写真などで見る、ステレオ感ぶち壊しの装置設置例は、「スピーカーの高さが違う」とか、リスナーの正面にスピーカーが位置していない」、「スピーカー間の距離があまりに近かったり遠かったりする」、ひどいものになると、「リスナーから左右のスピーカーの距離が違う」などが挙げられます（図1-9）。いずれもステレオ感を損なう大きな理由です。

　なぜこのような場合、ステレオ感が損なわれてしまうのでしょうか？　スピーカーの高さが違うと、人の耳はその高さの違いを認識してしまいます。ほとんどの人は、「頭上から現れるヘリコプターのメインローター音」は上から音が聞こえると認識しますし、「崖の下から現れるヘリコプターのメインローター音」は、下から音が聞こえると認識します。

　つまり、人の耳は音の左右の広がりだけでなく、上下も認識できるのです。もし、ステレオスピーカーの左右の高さが違った

ら、人の耳はそれも認識してしまうのです。そして、高さの違いはステレオ感を損なうのです。

正面に左右のスピーカーがないのも問題です。もし、2つのスピーカーが左側に2台あると、もちろん音は聞こえますが、あくまで人の耳は「左から音が鳴っている」と認識するので、左右の広がり＝ステレオ感を感じることはできません。

スピーカー間の距離、つまり左右のスピーカーがあまりに近い場合も、ステレオ感を感じることは難しいです。なぜなら、人の耳はあまりにスピーカーの距離が近いと、「ほぼ同じ場所から音が鳴っている」、つまりモノラル再生だと認識してしまうからです。とはいえ遠すぎると、今度は左右のつながりが感じられなくなって、バラバラに聞こえてしまいます。適正なスピーカー間の距離は、スピーカーの大きさやリスナーからの距離にもよりますが、大体ブックシェルフ型で50cm以上、トールボーイ型(背が高く床に置くタイプ)で1m以上は欲しいところです。一般的な住宅なら50〜150cmくらいが良いでしょう。

最後の「左右のスピーカーがリスナーと等距離ではない」ですが、距離が異なると、そもそも左右の音量バランスも崩れますし、重要な点として、左右の位相が崩れてしまいます(図1-10)。

ここで位相について説明します。左右のスピーカーで同じ音を再生したとき、スピーカーの距離が等しくないと、耳に到達する時間にずれが生じます。これはステレオ感を壊すだけでなく、ときに非常に不快な共鳴を生じることもあります。この状態を「位相差が生じる」または「位相がずれる」と言います。位相はステレオ感に非常に大きな影響を与えます。ですから、左右のスピーカーの距離は、リスナーからほぼ等しくなければいけないのです。これを解消するための、お勧めのスピーカーの設置場所は、

図1-9　ステレオ感を損なうスピーカー設置の例と正しい例

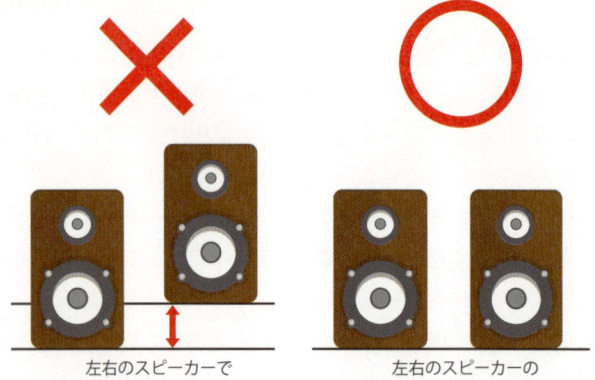

左右のスピーカーで高低差がある

左右のスピーカーの高低差がない

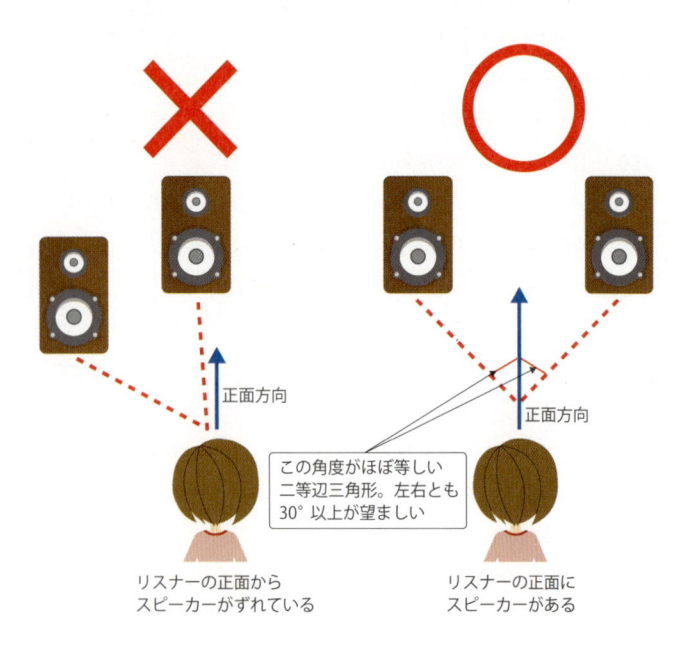

正面方向

正面方向

この角度がほぼ等しい二等辺三角形。左右とも30°以上が望ましい

リスナーの正面からスピーカーがずれている

リスナーの正面にスピーカーがある

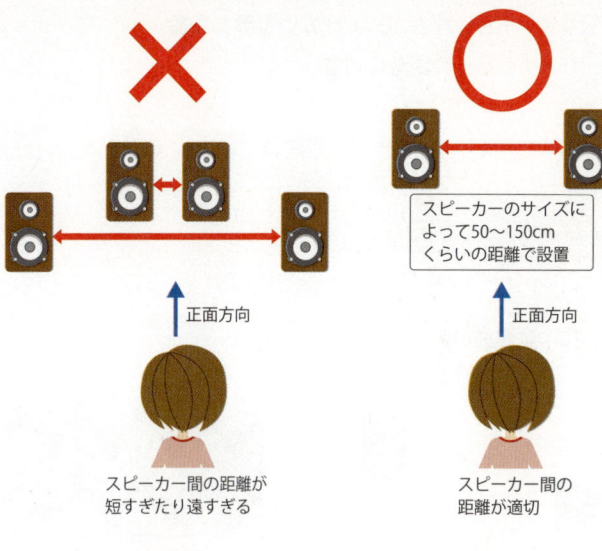

CHAPTER 1 — 良い音って何だろう？

スピーカーのサイズによって50〜150cmくらいの距離で設置

正面方向

正面方向

スピーカー間の距離が短すぎたり遠すぎる

スピーカー間の距離が適切

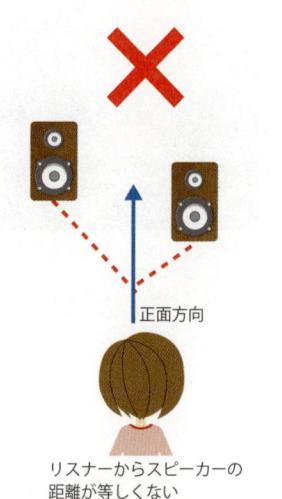

正面方向

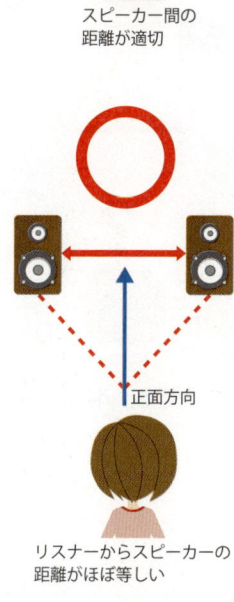

正面方向

リスナーからスピーカーの距離が等しくない

リスナーからスピーカーの距離がほぼ等しい

39

① 同じ高さで設置。
② リスナーから左右30°より広い位置に設置。
③ リスナーから等距離に設置。

です。スピーカーとリスナーの距離は、1mくらい離しておけば十分です。

図1-10 位相差の例

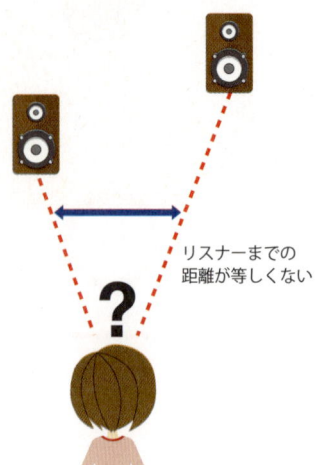

リスナーまでの距離が等しくない

正しいステレオ感が得られない

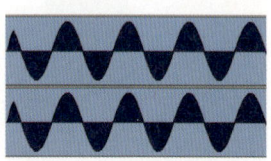

左右のスピーカーの距離が等しければ、左右の音は同じ振幅で届く。これが「位相が揃っている」状態

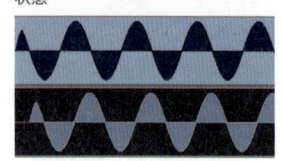

左右のスピーカーの距離が等しくなければ、左右の振幅のタイミングがずれる。これが「位相差が生じた」状態

Chapter 2

オーディオ再生機器の基礎

本章では第1章の知識を基に、オーディオ機器の基礎について説明します。また、本書で最も重要な、スピーカー選びに際して必要な知識についてもくわしく述べています。オーディオ機器選びで失敗しないためには、自分の「好みの周波数特性」を知ることが重要です。

スピーカーの特性を知る

　さて、音の3要素のイメージがつかめたところで、実際にオーディオ再生機器の説明をしましょう。オーディオ再生機器は基本的に以下で構成されています。

・プレーヤー
・アンプ（パワーアンプ）
・スピーカー（ラウドスピーカー）

　ヘッドフォン再生の場合は以下です。

・プレーヤー
・ヘッドフォン用アンプ
・ヘッドフォン

　かつてはオーディオシステムというと、複数のプレーヤーが一般的でした。アナログレコードプレーヤー（アナログディスクプレーヤー）、カセットデッキ、チューナーです。これらがたいていの場合、1台のアンプに接続されて、アンプで音が増幅され、スピーカーに送られ、スピーカーから音が出て、人の耳に届く、という仕組みです（図2-1）。
　また、プレーヤーとアンプ一体型（例えば往年のミニコンポ）、アンプとスピーカー一体型（例えばテレビの下に設置するサウンドバーやドッキングステーション）などもありますが、どこが一体化されていても、音声信号の流れは常にプレーヤー→アンプ→スピ

図2-1　かつてのオーディオシステム

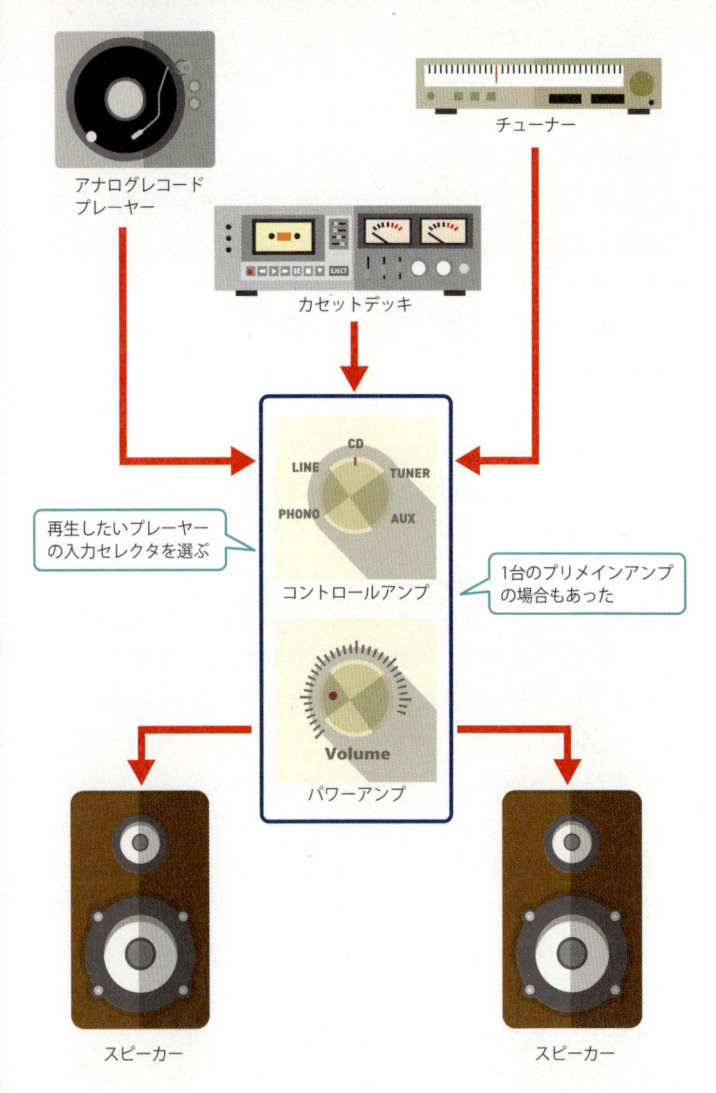

- アナログレコードプレーヤー
- チューナー
- カセットデッキ
- コントロールアンプ（再生したいプレーヤーの入力セレクタを選ぶ）
- パワーアンプ（1台のプリメインアンプの場合もあった）
- スピーカー
- スピーカー

ーカーです。音はスピーカーで再生されるまでは電気信号なので、音声信号と言います。

　ですから、原則どんな方でもプレーヤーとアンプ、スピーカーの3つについて考えれば良いことになります。その中で重要なのは、再三書いているとおり、スピーカーです。スピーカーは耳にいちばん近いところにある上、後述のように低周波の再生特性は、ほとんどの場合完璧ではありません。ですから、時間とお金は、スピーカー選びにいちばんかけるべきです。とは言っても、もちろんプレーヤーもアンプも重要です。以下、順にそれぞれを見ていきましょう。

▶ プレーヤー

　プレーヤーと聞くと何を思い浮かべますか？　いちばんなじみがあるのはCDプレーヤーでしょうか。DVDやBD、SACD（Super Audio CD）などもいわゆる光学ディスクを用いたプレーヤーですね。もちろん、アナログレコードプレーヤー、カセットデッキ、チューナー——これらはすべて広義のプレーヤーに属する音楽コンテンツを再生するための装置です。本書では、この辺の伝統的なプレーヤーを便宜上、レガシープレーヤーと呼ぶことにします。

　現在では、PCやポータブル機器を利用して、音楽を再生している方が多いはずです。伝統的なプレーヤーに関しては、さまざまなオーディオ評論家がアドバイスしているので、探せば情報はいくらでもあるのですが、PCベースのプレーヤーに関して困っている方は多いのではないでしょうか。特に、PCベースのオーディオ再生機器は、本体そのものよりも、組み合わせの自由度が非常に高いので、何をどうすれば良いのかわからず、途方に暮れている方も多いようです。

本書の目的の1つは、複雑怪奇に見えるPCベースのオーディオ装置の組み合わせ例を提示し、組み合わせを提案することです。ですが、ここで見ておきたいのは、機器を揃えていく順番です(後の章でくわしく取り上げます)。

　まず、アンプとアナログ接続するのか、デジタル接続するのか、最近だと、AppleのAirPlayやGoogleのChromecast、Bluetoothなどで無線接続するのか、有線ネットワーク接続するのか、といった接続方法の選択があります。筆者は恐らく他の専門家と異なり、「組みたい方法でシステムを組めば良い」と考えていますが、さまざまな接続方法があり、自分に適した方法を選ぶ必要があります。

▶ Bluetoothはお勧めしない

　ただ、例外はBluetoothです。Bluetoothは基本的に、Bluetooth接続してオーディオ信号を送ると、自動でSBC(Sub Band Codec)というコーデックを用いてエンコード(再圧縮)します。このため、音質がもともと非常に悪いのです。最近ようやく問題を解決しつつありますが、それでもまだ音楽ファイルのフォーマットによってはSBCで再圧縮されてしまう、などといった問題もあるので、筆者は純粋に音楽を楽しむオーディオ再生機器に、Bluetoothを利用することはお勧めしません。

　また、PCの外部出力端子(主にマザーボード上のサウンドチップを利用したもの)はなるべく使用しないことをお勧めします。本当にその音が気に入っていて、今後もずっと使い続けるつもりなら結構ですが、そうでなければ、サウンドデバイス(外部オーディオ入出力機器、オーディオI/Oなどとも呼ばれる)を別途用意することです。後ほどくわしく取り上げますが、いちばんの理由は「PCを買い換えるたびに音質が変わるのを避けるため」です。も

ちろん、サウンドデバイスを利用してアナログ/デジタル接続するなら、選択する製品次第で、音質の大幅な向上が期待できます。

後の章で、有線/無線ネットワーク接続についても取り上げますが、使い方次第では極端な音質劣化がなく便利で、オールアナログ時代には考えられなかったオーディオ再生環境が手に入ります。

いずれにしても、プレーヤーをPCベースにすることで、非常に柔軟なオーディオ再生システムを構築することができます。後ほどじっくりと見ていきましょう。

▶ プレーヤーとしてのPC

PCをプレーヤーとして使う場合に困るのは製品の寿命サイクルが短いことでしょう。大体3年もすると、諸々の動作が重く感じられるようになります。しかしこの辺は後述のサウンドデバイス（オーディオ出力機器）を利用することで、かなり回避できます。サウンドデバイスが固定されていれば、例えば毎年PCを買い換えても、音質はほぼ同一に保てるからです。

そうなると、「Macか？ Windowsか？」と「プレーヤーアプリケーションは何が良い？」という、神話にも似た論争が興味の対象になります。結論から言うと、サウンドデバイスが同じである限り、スピーカーを変更したほどの劇的な差は生じないので、お好きな方を使えば良いでしょう。筆者はよくこうアドバイスします。

・音楽を聴くことに集中したい。音楽コンテンツのバックアップを含めたメンテナンスに時間をかけたくない方はMac。
・PCをアップデートしたり、手動でバックアップするのが好き、または苦にならない方はWindows。

Macの場合、過去はいざ知らず、現在はバックアップを含め非常にメンテナンスが楽になっています。ですから、メンテナンスに時間をかけたくない、トラブルシュートに時間を費やしたくない方には、まずMacをお勧めしています。

　一方、自分でPCを管理するのが得意かつ苦にならない人の多くは、Macのように全部を自動で管理されるのが好きではありません。こういう方は、Windowsで構いません。

　ただし、MacであろうとWindowsであろうと、リスニングルームにPCを設置する場合は、ある程度、静音化されている——つまり、ノイズが少ない機種が理想です。ファンノイズやハードディスク（以下、HDD）の動作音は案外気になります。ファン速度を調整したり、HDDではなくSSDを利用するなどの工夫をした方が、部屋のノイズレベルを下げられます。

　第5章では上記の理由から、誰にでも導入できるPCを利用したオーディオ再生機器の例として、Mac miniを使用した構築例を詳細に紹介します。ぜひご一読ください。とはいえWindowsでも考え方は同じです。

　最後に1点、重要な情報ですが、プレーヤーアプリケーションの選択だけは注意が必要です。特にWindows Media Player（以下、WMP）をプレーヤーアプリケーションとして使うことはお勧めしません。理由は、Windows Media Playerは高周波の再生に難があるからです。筆者のお勧めは、iTunesでなければ、MacならAudirvana Plus（http://audirvana.com/）、Windowsならfoobar 2000（https://www.foobar2000.org/）です。Windowsユーザーは、WMPを使用しないことを強くお勧めします。

　なお、念のため言っておくと、Macをお勧めしているからといって、Appleからは1円ももらっていませんし、特別に贔屓するつ

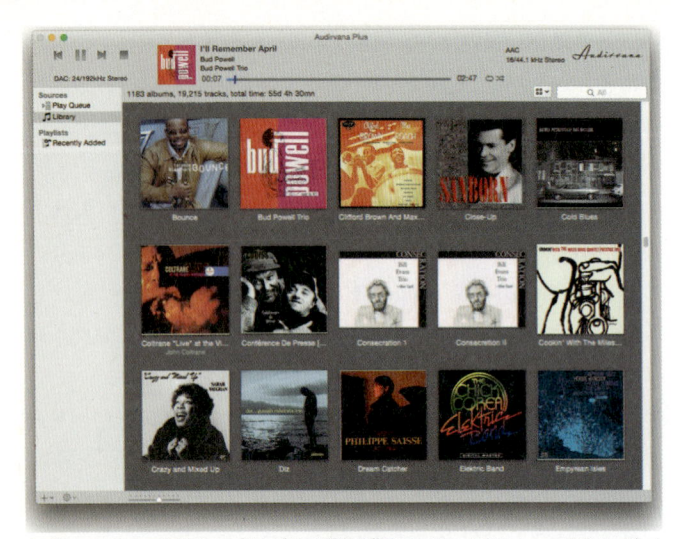

Audirvana Plus。内部でアップサンプリング機能を備えていたり、DSDフォーマットのオーディオファイルを再生できたり、プロ用のオーディオプロセッサーを使用することまでできる。とにかく多機能なオーディオプレーヤー。iTunesライブラリと互換性があるので、iTunesライブラリの楽曲をそのまま読み込むこともできる

foobar 2000。Windowsで定番のオーディオプレーヤー。プロ用オーディオ入出力フォーマットのASIOを使用できたり、各種メーターを追加したりと、自分でさまざまにカスタマイズできるのが魅力。WMPのように高周波再生に問題を抱えていないので、Windowsで音楽再生環境を構築するなら、iTunes以外でまず選択肢に挙がる

もりもありません。それは今後、紹介する製品についても同様で、純粋に筆者が「お勧めするに値する」と判断したからです。

▶ サウンドデバイス

　もう少し役割を絞ったオーディオ出力機器という呼び方もありますが、本書ではサウンドデバイスに統一します。PC周辺機器には、高品位でオーディオを録音・再生するオーディオ機器があります。接続方法はさまざまですが、基本は有線で、現在ではUSB、Firewire、Thunderbolt、PCI Express (PCIe) などが主流です。入力（録音）が可能な機器も数多くありますが、本書はあくまでオーディオ再生機器がトピックですから、入力の話はしません。

　利用方法としては、PCにサウンドデバイスを接続し、サウンドデバイスからアナログ/デジタル出力して、これをアンプに接続します。これだけです。

　無線ネットワーク経由で接続する機器も現れてきています。米AppleのAirMac ExpressやAppleTV、GoogleのChromecastです。これらは有線接続することなしに、デジタルオーディオ信号をネットワークプロトコルに包んで転送し、サウンドデバイスで再びデジタルオーディオ信号に戻して出力する、という手段を取ります。ただし、機器によって音声データを圧縮するものもあるので、選択には注意が必要です。

　有線接続のサウンドデバイスのメリットは、前述のとおり、PCを変更するとその音質変化がかなり大きいのに対し、ドライバのアップデートやMac/Winなどプラットフォーム変更による音質変化は、あってもそれほど大きくないということです。また、高品位なDAコンバーター（デジタル→アナログ変換器）を内蔵しているものや、最近人気で音質にも良い影響を及ぼす、ジッターリ

ダクションやアップサンプリングを内蔵している製品もあるので、うまく選べばPCを直接アナログ接続するのとは比較にならないくらいの高音質を得られます。無線接続の場合は、無線機器自体を交換しない限り、プレーヤーの最終出力は変わりませんから、より同じ音質を継続することができます。

　無線接続のサウンドデバイスと、有線接続のサウンドデバイスのどちらが良いか、については改めて述べますが、「どのようなオーディオ再生システムにしたいか」で決めれば良いでしょう。筆者宅は有線と無線が混在していますし、必要に応じて使い分けています。1台のPC上にある音楽コンテンツを、無線を使っていろいろな部屋で再生したい場合、無線接続の方が圧倒的に便利です。

　音質で決めるのも良いでしょう。スピーカーが決まり、アンプが決まって、まず廉価な無線接続を試してみる。それで満足ならそのまま。気に入らないようなら有線接続製品の購入を検討する、といった流れです。

　サウンドデバイスは、いろいろなメーカーがたくさんの製品を出しているので、後ほど数社お勧めを紹介します。

現行のAirMac Express。無線接続はIEEE 802.11nと、2015年時点で1世代古いが、オーディオファンに人気が高いTI Burr-Brown製のD/Aコンバーターが搭載されているため、オーディオ用途で利用する人が多い（実勢価格：1万1,200円前後）　　　写真：Apple

▶ アンプ

アンプと言っても、お店に行くとプリメインアンプ、コントロールアンプ、プリアンプ、パワーアンプ、セパレートアンプなどいろいろ名前があって困ります。どれを買えば良いのやら……。

アンプとはAmplifierの略語で、**増幅器**を意味します。前述のとおりプレーヤーで再生される音は電気信号なので、通常、音声信号と言います。しかし、もともと音声の記録用なので再生してもとても小さく、人の耳に十分な音量で聞こえません。このため、**増幅器を通して信号を増幅し(音量を大きくし)、スピーカーに送らなければならない**のです。アンプとは、この音量を増やすための装置です。

通常、この増幅器の役目はパワーアンプが担います。ですから、本書でアンプと書いたときはパワーアンプのことだとお考えください。

それでは、他の「〜アンプ」とは何でしょうか? 前述のとおり、かつては多数のレガシープレーヤーが1台のオーディオ装置に組み込まれ、アナログレコードを聴いたり、カセットを聴いたり、ラジオを聴いたりしていたわけですが、その場合、複数のプレーヤーから違う音楽が聞こえてきても困るので、今、聴きたいプレーヤーを選択する必要がありました。パワーアンプに信号が行く前に、どのプレーヤーを使用するかを選ばなければならないわけです。

これはたいてい、入力セレクタ、ラインセレクタと言います。文字どおり、入力機器を選ぶ装置です。ラインセレクタの場合、「どの音声信号を選ぶか」のニュアンスが強調されており、機能はまったく同じです。

また、オーディオ装置には通常、ボリュームコントローラ(Volume Controller)があります。その他、装置によっては高音

や低音の強さを調整するトーンコントローラ (Tone Controller) や、聴感上の等ラウドネス曲線を補正するラウドネスコントローラ (Loudness Controller) があります。

こういうプレーヤーとパワーアンプの間に挟んで音質を調整したり、入力される装置を選択するコントローラ一式をまとめたものが、コントロールアンプ、またはプリアンプです。コントローラ一式のニュアンスが強ければコントロールアンプと呼ばれますし、パワーアンプの前段に配置されているニュアンスが重視されればプリアンプとなります。役割は同じです。

実際に使用する際は、入力セレクタやボリュームコントローラがなければ不便ですね。だから、レガシープレーヤーの時代は、コントロールアンプもパワーアンプ同様必須であり、もともとコントロールアンプとパワーアンプの組み合わせで「アンプ一式」でした。このコントロールアンプとパワーアンプを一体化したのが「プリメインアンプ」です。

▶ コントロールアンプの必要性

さて、PCベースのプレーヤーに目を向けるとどうでしょう。音楽、映像、ブラウザ、さまざまなオーディオ再生可能なアプリケーションが利用できますが、出力はたいていの場合、1つです。ですから、その場合、入力セレクタは不要です。

iTunesをはじめとするミュージックプレーヤーはたいてい、イコライザー (EQ:Equalizer) という音声補正機能がついています。ボリュームコントローラは装置自体にもプレーヤーにもあります。

つまり、別途コントロールアンプを利用する必然性が現在では、ほぼなくなっています。回路をたくさん通らないということは、プ

レーヤーの音が最小限のロスでパワーアンプに送られることを意味しますから、本書の一押しは**プレーヤーとパワーアンプ単体の直結**です。ただしこの場合、前述のサウンドデバイスの導入が望ましいです。

次にお勧めなのが、**古い単体のアンプが家に残っていれば、それをPCと接続する方法**です。特にアナログアンプはお勧めです。アナログアンプの設計はとっくの昔に確立されており、十分成熟しているので、**古いアンプの性能が現代のアンプに劣ることはまずありません**。

むしろ、安い現代のアンプと昔の単体アンプなら、昔の単体アンプの方が良い音がする場合が多いのです。古いアンプが自宅にあるなら、これを引っ張り出してみましょう。もちろん古いセパレートアンプがあるなら、パワーアンプだけをPCと接続するのもすばらしいアイデアです。

特に冒頭述べたとおり、いちばんお金をかけて慎重に選んでほしいのはスピーカーです。すでに何かしらのアンプがあるなら、まずそれと組み合わせてみる、好みと違うようなら他を選ぶ、ひとまずそれで良ければ、そのまま不満が出るまで使い続ける、で良いでしょう。

例えばスピーカーで音を出してみて「低音が足りない」ということであれば、低周波の再生特性に優れたアナログアンプを使用したり、「きれいすぎる」ということであれば、真空管アンプを検討したりしても良いでしょう。

最初からいきなり「全部最高のものを揃えよう」などと考えないことが肝要です。だまされたと思って一度、ご自宅のアンプを引っ張り出してみてください。「そんなのないよ」という方には、後ほどお勧めのアンプを紹介します。

▶ アナログアンプ vs. デジタルアンプ

　アナログアンプの話が出たので、少しお話ししておくと、アナログアンプとデジタルアンプは方式が異なります。デジタルアンプは通常、増幅器自体がデジタルの場合にそう呼ばれます。基本的に高効率、低消費電力、低発熱です。これにより、アナログアンプよりずっと小型化が可能で、発熱も少なく、消費電力も少ないです。

　ですから、スマートフォンやタブレット、PCには、ほぼ100％デジタルアンプが搭載されています。一方、アナログアンプはその逆で、低効率、高消費電力、高発熱です。……でも世間では「アナログアンプの方が良い」という話も多いですね。

　あくまで大ざっぱな議論ですが、音質に絞ってみると、アナログアンプの方がまだ「人の耳には良い音に聞こえる」ことが多いと言えます。なぜなら、低音の出方と歪み方が異なり、アナログアンプの方が低音が強く出ることが多く、気持ち良い歪みを得られることが多いからです。

　アナログアンプと一言で言っても、大きく分けて真空管アンプとトランジスタアンプがあります。これは、増幅器に何を使うかで分けられます。真空管はトランジスタより以前に主流でしたが、現在でも根強い人気があります。

　しかし、真空管はトランジスタより仕様上の性能は劣り、歪み率が高く、ノイズも大きいとされます。デジタルアンプの低ノイズとは、さらに比較になりません。

　ところが、実際に聴いてみると、例えば筆者の主観では、初期のデジタルアンプはやたら音がきれいでツルツルして「何か違う……」のです。確かに音はクリアになりますが、何と言うか、「色気がない」ように聞こえました。

一方、真空管アンプは多くの人が「暖かみがあって『良い音』だ」と表現しています。実際、筆者の耳には、スピーカーの違いもありますが、高音までとげとげしくなく、柔らかな印象があります。無音時のノイズはトランジスタアンプより多いのですが、前述の65dB以上の音量で聴いている分には気になりませんでした。

　トランジスタアンプは安心の音です。ノイズもそんなに多くないし、真空管ほど高域は柔らかくありませんが、輪郭もはっきりしていて聴きやすい。一体、何が違うのでしょうか？

　まず1つは低周波と高周波の特性でしょう。特に低周波の聴感上の特性は大きく異なります。デジタルアンプは、よく言えばタイト（締まった）な低音が得やすいのですが、その分、量感に欠ける製品が多く、アナログアンプはもっと低音の量感がたっぷり出てくるものが多い印象です。

　即断は禁物ですが、一般的にこの程度の差があることを踏まえて、デジタル／アナログどちらのアンプを使用するかを検討した方が良いでしょう。要するに「自分の好みはどちらなのか？」「スピーカーの特性はどうなのか？」などを踏まえた上で検討した方が良いのです。もう1つは歪みです。これは次節に譲りましょう。

▶ 少しだけ歪みの話

　筆者もかつてはわかっていませんでしたが、アンプの歪みは非常に重要です。ここで歪みについて少しお話ししておきましょう。歪みについては、いまだにいろいろな議論があり、正直、筆者には経験論的に語る以外の術がありません。

　ですから、ここでは科学というよりは経験で語るなら、「歪みはもちろんありすぎては良くないが、なさすぎても良くない」の一言に尽きます。

実際、「2次倍音歪みがたくさん出るので、真空管アンプは温かみがあって良く聞こえるのだ」という人もいれば、「デジタルアンプが良くないのは、非高調波歪みが多いからだ」という人もいますが、決定的な意見ではないようです。

　ただ、1つはっきりしているのは、この話はカタログによく出てくる全高調波歪み率（THD：Total Harmonic Distortion）とは、ほとんど関係ないという点です。全高調波歪み率は、単体のアンプ製品で問題になることはあまりありません。逆に言えば、購入に際して、**全高調波歪み率を神経質に確認する必要はない**ということです。つまり、「歪みがありすぎ」は、よほど安価なアンプ以外では、問題にならないということです。これはオーディオ単体製品の話です。もちろんPCやスマートフォンなどの内蔵アンプやコーデック、スピーカーでは大きな問題です。

　前述したとおり、アンプは増幅器なので、小さな電気信号を増幅してスピーカーに送るのが仕事です。どんなにがんばっても完全にリニアに増幅するのは難しく、増幅の際に少しだけ製品ごとに特定の周波数で歪みが生じます。これは本当にわずかなので、気にしなければ気にならないことも多いでしょう。が、やはり歪みが多い製品と少ない製品を聴き比べると、その差は圧倒的です。

　かといって、初期のデジタルアンプのように「とにかく歪みを最小に」すると、もちろんそれだけが理由ではありませんが、前述のとおり、妙に味気ない音になったりもします。筆者は、これは歪みが「少なすぎる」のだと理解しています。

　筆者は音楽制作畑の人間で、1990年代あたりからの音楽制作の歴史をリアルタイムに見てきているのですが、制作ツールの中でも近年、**モデリング**という技術が発達してきていて、デジタルで——というかソフトウェアで、往年の音楽制作機材を、音響特

性はもちろん挙動からノイズ特性にいたるまでデッドコピーする、という試みが人気です。数多くのエンジニアが、かつてのノイズが多く歪みのある音を求めていることがよくわかります。

1990年代以降、筆者も含めてひたすら「ハイファイ」で「クリーン」な音を求めていた音楽制作者たちは結局、「少し歪んで」「少しなまった」音を、「最先端のデジタル機材で」つくり上げる方向に舵を切っています。これはとりもなおさず、プロだけでなく、人の耳には「ほどほどのノイズとほどほどの歪みがあった方が心地良く聞こえる」ということを制作面から証明しています。「なぜスペックで劣る真空管アンプが、いまだに支持されるのか」も、答えは同じだと考えています。

▶ スピーカーの周波数特性カーブ

周波数、基音と倍音、それを踏まえた失われた基本波、音量、ステレオ感を理解することで、だんだん「良い音響機器とはどういうものか」が、わかってきたのではないでしょうか。ここではスピーカーを中心に取り上げます。スピーカーには大きく以下の2つが求められています。

① 低周波から高周波まで再生する。
② 音楽コンテンツの周波数特性に近似した周波数特性。

①については、音響心理学の書籍『聴覚心理学概論』(B. C. J. ムーア/著、大串健吾/監訳、誠信書房、1994年)によると、「50Hz〜15kHzの周波数帯域を、±3dBの誤差で再生できれば非常に優秀」とされています。要するにフラットな音源を再生して、±3dBの範囲に収まっていれば非常に優秀ということです。

ちなみに、

> 再生周波数帯域：42Hz ～ 33kHz（－6dB）
> 再生周波数レスポンス：49Hz ～ 28kHz（±3dB）基準軸上

といった表記を、スピーカーの仕様書で見たことがあるかもしれません。この意味は、「このスピーカーは、テスト信号音が49Hzから28kHzまでは±3dBの範囲に収まっており、42Hzまで下がるか、33kHzまで到達すると－6dBに落ち込む」ということです。最近、ハイエンドスピーカーメーカーが、よくこの表記をしています。

②については前述しました。しかしながら、人には好みがあります。スピーカーの周波数特性は千差万別で、アンプやプレーヤーとは比べものにならないくらい大きな差があります。だからこそ選ぶ楽しみもあり、悩む部分でもあるのです。

せっかくなので、選ぶ際のヒントを提案しておきましょう。ポイントは「自分の好みの周波数特性カーブを知る」ことです。そこで、スピーカーなどの周波数特性を計測するためのテスト音源について少し触れておきましょう。

多くの人は、図2-2のような音が再生されたとき、なだらかな右肩下がりの周波数特性を持つスピーカーで再生されると「良い音だ」と感じます（図2-3）。つまり、低周波が強く、高周波に行くほど（あくまで）滑らかに音量が弱くなるイメージです。ただし、もちろん個人差があります。「うんと右肩下がりの方が良い」という人もいますし、右肩下がり以外を好む人もいます。

筆者の見たところ、大きく分けて3パターンくらいの周波数特性に集約されるようです。1つはこの右肩下がり型。2つ目は真

図2-2 スピーカー特性①〜フラット

高 ↑ 音量レベル ↓ 低

低 ← 周波数 → 高

理想的な周波数特性グラフだが、現実に実現するのは難しい

図2-3 スピーカー特性②〜右肩下がり型

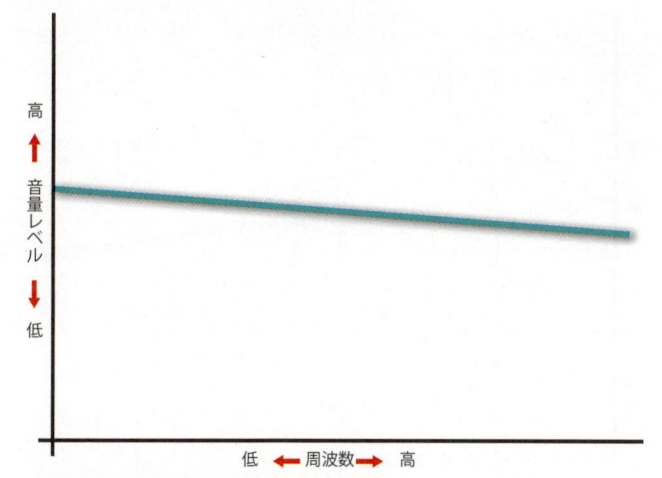

高 ↑ 音量レベル ↓ 低

低 ← 周波数 → 高

人の耳に比較的心地良く聞こえる周波数特性グラフ

図2-4　スピーカー特性③〜ドンシャリ型

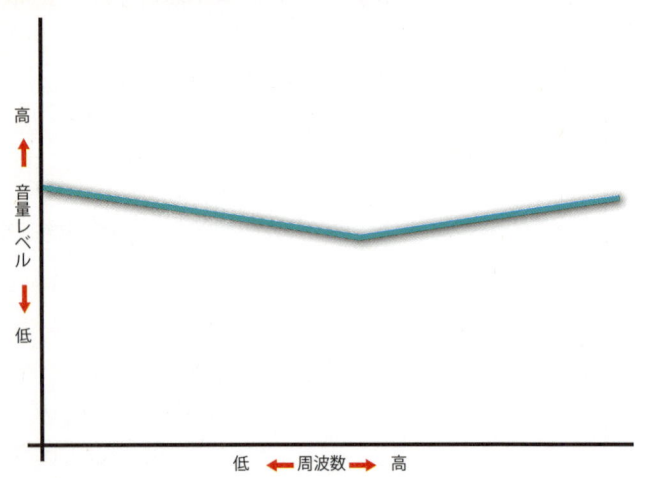

1kHz付近が凹んでいる周波数グラフ。ラウドネスが補正されているため、小音量でも心地良く聞こえる

図2-5　スピーカー特性④〜かまぼこ型

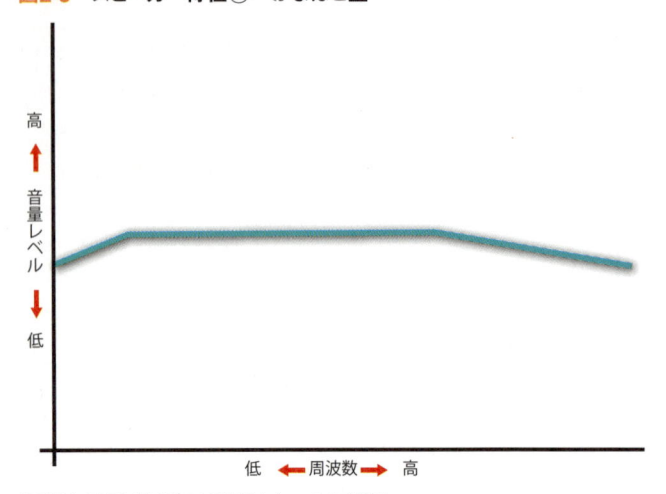

低周波と高周波がなだらかに落ち込む(ロールオフ)形状

ん中が凹んで、相対的に低周波と高周波が中周波より強い、いわゆる**ドンシャリ型**(低周波＝ドン、高周波＝シャリでドンシャリ)(図2-4)、3つ目は逆に中周波が強く、低周波と高周波が丸まっている**かまぼこ型**(図2-5)です。

ただし、ここで注意が必要です。先ほど「スピーカーの多くは30Hzや40Hzを再生できないので、本当の重低音は倍音中心で聴いていることが多い。しかも、倍音中心で聴くと倍音で聴いている低音は音量感が下がる」と書きました。

従って、例えばカットオフ周波数が80Hzだと、80Hz以下は相対的に弱く聞こえます。結果、全体のバランスとして、図2-2だとフラットに聞こえず、逆に右肩上がり気味に聞こえることがあります。カットオフ周波数が高めで、カットオフ周波数以上はフラットだけど、カットオフ周波数以下が弱いため完全なフラットに聞こえず、むしろ右肩上がりに聞こえてしまう、ということです(図2-6)。

さらに、音量の解説のところで、音量が小さいと低音と高音から先にどんどん弱く聞こえるようになる、とも書きました。その場合も、やはり周波数全体に対する低周波のバランスは崩れます。

もう少し言えば、スピーカーのフラットな周波数特性は理想ではありますが、**よほどのスピーカーを所有していない限り、そして十分な音量を出さない限り、フラットにはならない**ということです。

以上を踏まえると、やはり最初の図2-2はほとんどの人にとって実現が難しいので、残りの3種類の周波数特性が指標になるでしょう。大切なのは、**どの形状が自分の好みかを知る**ことです。自分の好みを知ることなく、闇雲にオーディオ雑誌で評論家が勧めるスピーカーを購入しても、必ずしも自分に合うとは限らない

からです。まず、自分の好みを知ることです。

また、低周波の落ち込み方と実際に試聴する音量によって、理想的なグラフ形状は変わります。あくまで参考程度ですが、以下に右肩下がり型、ドンシャリ型、かまぼこ型のグラフ形状で、カットオフ周波数が高めの場合、実際にはどのように聴いた印象が変わるか、予測される実際の試聴印象上のグラフ形状も追加しました（図2-7〜図2-9）。こちらもご覧ください。

従って、スピーカーを選ぶときにカットオフ周波数を確認するのは、とても大切です。実際に聴けるお店などを訪れて確認するべきなのは言うまでもありませんが、「フラットと謳われているのに、なぜそう聞こえないか」の大きな理由の1つが、カットオフ周波数が高いせいで、全体の周波数バランスが崩れているからです。カットオフ周波数より高い周波数が、仮に完全にフラットでも、

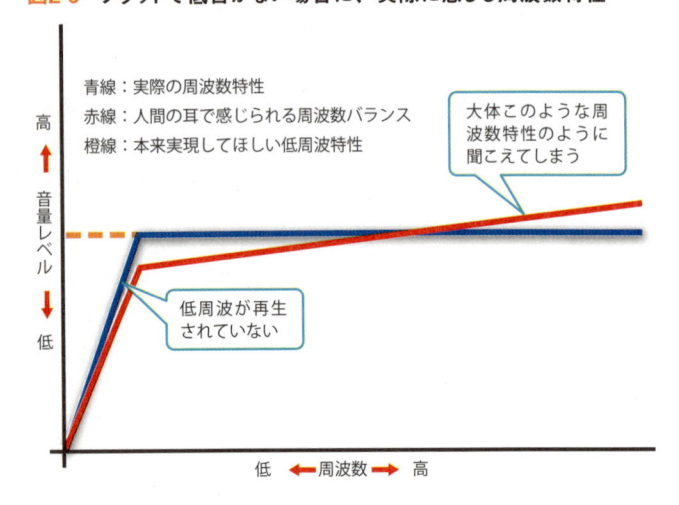

図2-6　フラットで低音がない場合に、実際に感じる周波数特性

青線：実際の周波数特性
赤線：人間の耳で感じられる周波数バランス
橙線：本来実現してほしい低周波特性

大体このような周波数特性のように聞こえてしまう

低周波が再生されていない

音量レベル　高↑↓低

低 ←周波数→ 高

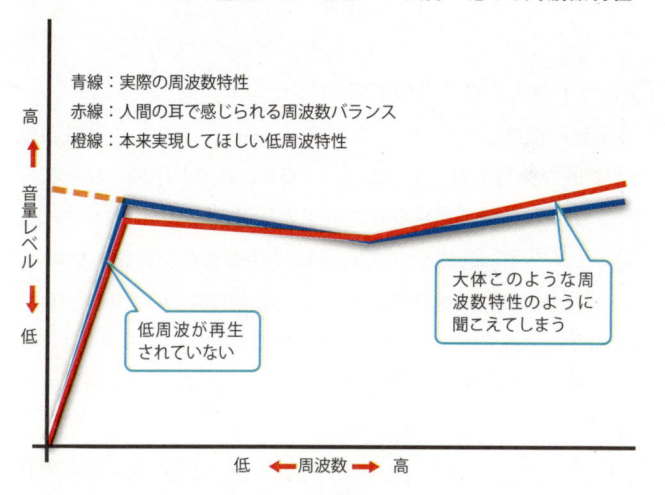

図2-7 右肩下がり型で低音がない場合に、実際に感じる周波数特性

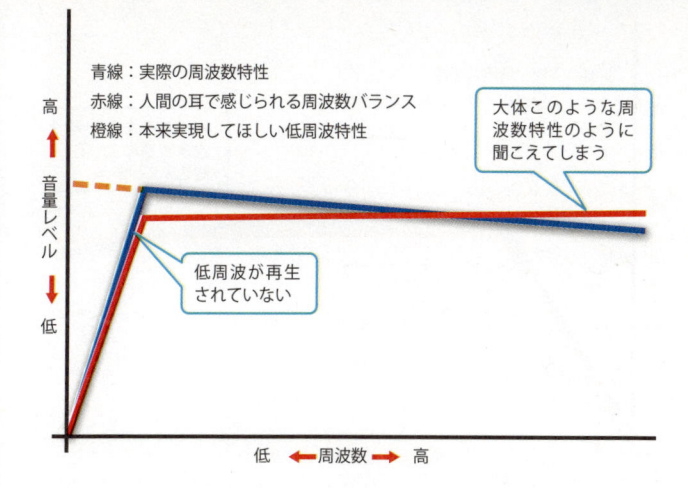

青線：実際の周波数特性
赤線：人間の耳で感じられる周波数バランス
橙線：本来実現してほしい低周波特性

大体このような周波数特性のように聞こえてしまう

低周波が再生されていない

高 ↑ 音量レベル ↓ 低

低 ← 周波数 → 高

図2-8 ドンシャリ型で低音がない場合に、実際に感じる周波数特性

青線：実際の周波数特性
赤線：人間の耳で感じられる周波数バランス
橙線：本来実現してほしい低周波特性

低周波が再生されていない

大体このような周波数特性のように聞こえてしまう

高 ↑ 音量レベル ↓ 低

低 ← 周波数 → 高

図2-9　かまぼこ型で低音がない場合に、実際に感じる周波数特性

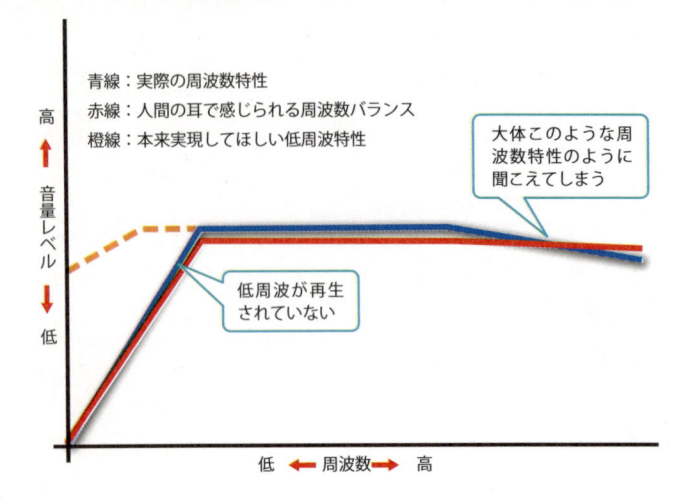

青線：実際の周波数特性
赤線：人間の耳で感じられる周波数バランス
橙線：本来実現してほしい低周波特性

大体このような周波数特性のように聞こえてしまう

低周波が再生されていない

高 ← 音量レベル → 低

低 ← 周波数 → 高

カットオフ周波数以下が弱いので、「人の耳にはフラットに聞こえない」という理解でいいでしょう。

▶ もう1つ大事な周波数帯域「プレゼンス」

3種類の周波数特性カーブは、大きく分けて3つの周波数帯域の相対的な強さを表しています。つまり、低域、中域、高域に分けて、低域＞中域＞高域なら右肩下がり型、低域＞中域＜高域ならドンシャリ型、低域＜中域＞高域ならかまぼこ型になります。

スピーカーの周波数特性カーブは、基本的にこの3つのどれか、またはその亜流と思って差し支えないでしょう。ポイントは、低域、中域、高域の3つのどれが強いかで、大体の周波数特性カーブが決まるということです。

ところで本書ではもう1つ、プレゼンスという、とても大事な周波数帯域について述べておきたいのです。この帯域は分類とし

ては中高域に属しますが、具体的に何Hzから何Hzまでか、というと人によって微妙に意見が異なります。

そこで本書では大体1.8～4kHzくらいまでをプレゼンスの帯域と定義します。本によっては中高域と書かれていますが、同じ意味だと考えてください。

プレゼンスだけ横文字かつ別扱いなのは理由があります。プレゼンス(Presence)という言葉のとおり、この帯域は音の存在感を際立たせる非常に重要な周波数帯域になります。音はすべて基音と倍音で構成されていると述べましたが、特に人の声の子音や歯擦音、破裂音など、「何をしゃべっているのか」を人の脳が理解するのに必要な情報が、この付近に密集しています。また、楽器の音が明るく感じる、暗く感じるなども、このプレゼンスの帯域が強いか弱いかで決まります。

一方、プレゼンスが強すぎると、人はその音を「耳に痛い」「不快だ」と感じます。ですから、この帯域の調整は音楽制作においてとても重要です。強すぎると「うるさい」「耳に痛い」と苦情が来ますし、弱すぎると「迫力がない」「パンチがない」「パッとしない」と言われてしまいます。オーディオ機器においても、まったく同じことが起きます。

つまり、この帯域は周波数特性カーブとは別に考えた方が良い特別な帯域なのです。カーブが3種類のうちどれであるかにかかわらず、プレゼンスが相対的に強めのスピーカー、相対的に弱めのスピーカーが存在します。強めのスピーカーは好みによって「明るい」「張りがある」「元気に聞こえる」「華やかに聞こえる」などと感じることが多いのですが、その一方、「音が強すぎる」「少し耳に痛い」「息がノイズになってしまう」と感じてしまう人もいます。プレゼンスが弱めだと「落ち着いた」「聴きやすい」「誇張していない」

「人工的ではない」と感じますし、あまり好きではない方は「暗い」「張りがない」と感じます。

そこで本書では、プレゼンスは周波数特性カーブと分けて解説します。この帯域については、**第3章**でどうやって認識するのかを解説します。ここではひとまず、周波数特性カーブを決める低域、中域、高域とは別に、中高域を司るプレゼンスという帯域も重要で、周波数特性カーブを構成する低域、中域、高域とは独立した特別な帯域であるということを覚えておいてください。周波数特性カーブで全体の聞こえ方が決まり、プレゼンスで「明るさ」「暗さ」「明瞭感」が決まるというイメージです（図2-10～図2-13）。

先ほどの3つの周波数特性カーブにプレゼンスを足すとこのような理解になります。

なお、スマートフォンなどでは、かまぼこ型＋2～3kHzを頂点とした、極端に大きなプレゼンス帯域があり、このプレゼンス帯域が他の帯域を全部持っていく（そこだけ強く聞こえるので、他の音がどのくらいのバランスか、もはやわからなくなる）くらい強く出ています。スマートフォンで何時間も音楽をかけていて不快にならない方は少ないでしょうが、これはこの極端な周波数特性が原因です。逆に、プレゼンスがやたら強いので、「何を言っているか」はわかりますが……。

繰り返しますが、プレゼンスは楽器の音色の「明るさ」「暗さ」に関わり、人の声が「何を言っているのか」を認識するのに非常に重要な役割を果たす大切な帯域です。しかし、強すぎれば不快に感じるし、弱すぎても物足りなさを感じます。ですから、設計エンジニアはこの帯域について非常に気を付けて機器を設計します。

ということは、自分好みの周波数特性カーブを把握できれば、

図2-10　プレゼンス帯域のグラフ

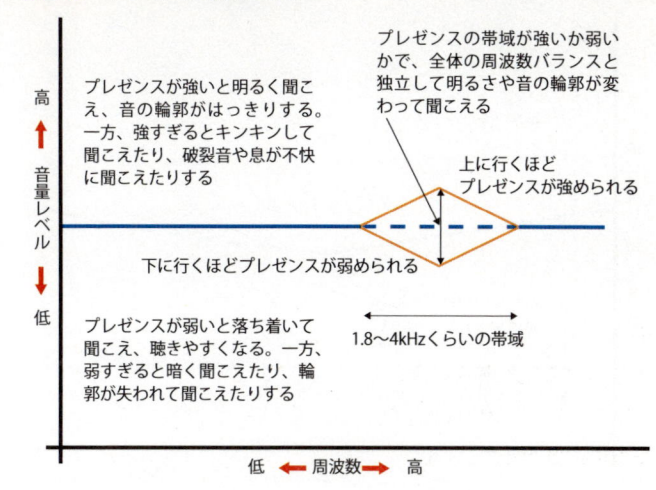

プレゼンスが強いと明るく聞こえ、音の輪郭がはっきりする。一方、強すぎるとキンキンして聞こえたり、破裂音や息が不快に聞こえたりする

プレゼンスの帯域が強いか弱いかで、全体の周波数バランスと独立して明るさや音の輪郭が変わって聞こえる

上に行くほどプレゼンスが強められる

下に行くほどプレゼンスが弱められる

1.8〜4kHzくらいの帯域

プレゼンスが弱いと落ち着いて聞こえ、聴きやすくなる。一方、弱すぎると暗く聞こえたり、輪郭が失われて聞こえたりする

高 ← 音量レベル → 低

低 ← 周波数 → 高

図2-11　右肩下がり型＋プレゼンス

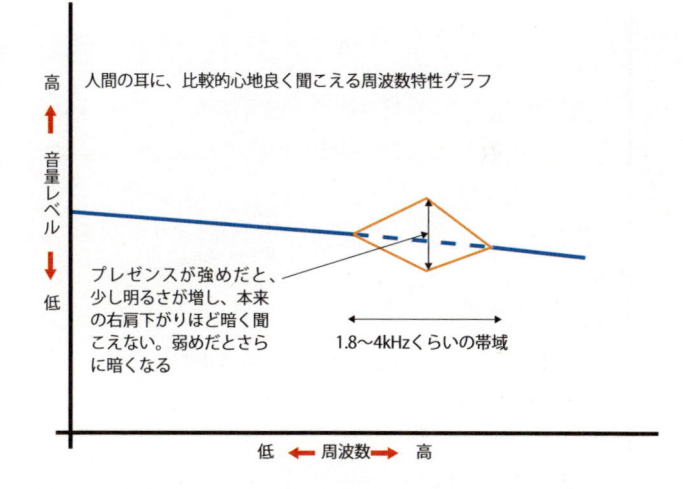

人間の耳に、比較的心地良く聞こえる周波数特性グラフ

プレゼンスが強めだと、少し明るさが増し、本来の右肩下がりほど暗く聞こえない。弱めだとさらに暗くなる

1.8〜4kHzくらいの帯域

高 ← 音量レベル → 低

低 ← 周波数 → 高

図2-12　ドンシャリ型＋プレゼンス

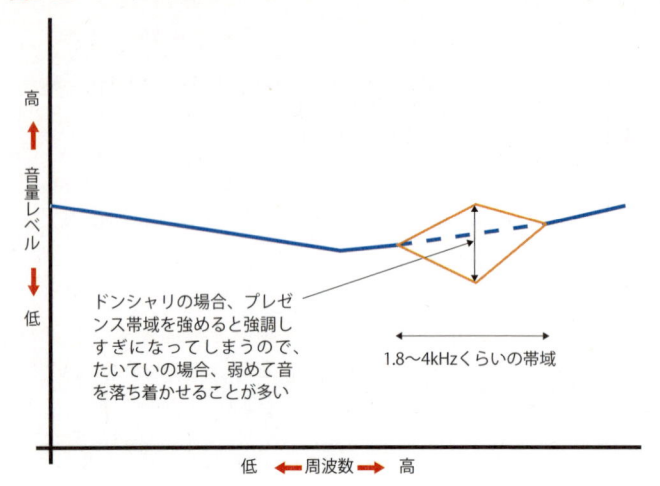

ドンシャリの場合、プレゼンス帯域を強めると強調しすぎになってしまうので、たいていの場合、弱めて音を落ち着かせることが多い

1.8〜4kHzくらいの帯域

図2-13　かまぼこ型＋プレゼンス

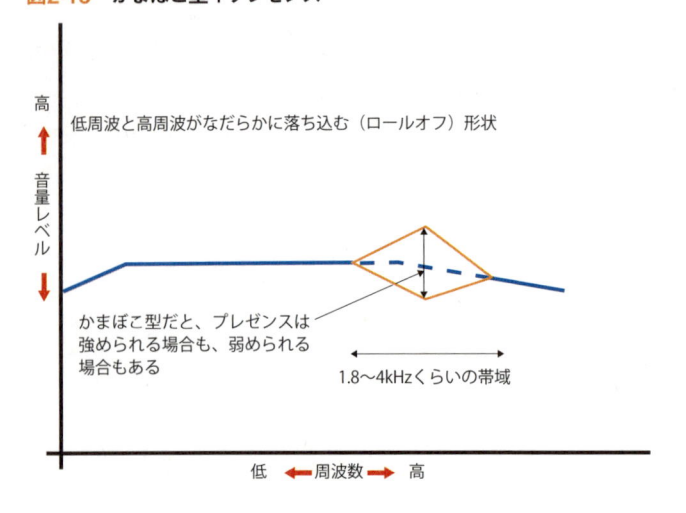

低周波と高周波がなだらかに落ち込む（ロールオフ）形状

かまぼこ型だと、プレゼンスは強められる場合も、弱められる場合もある

1.8〜4kHzくらいの帯域

後は大切なプレゼンスの味付けを吟味することで、好みのスピーカーに出会える可能性が高くなることになります。**第3章**では、プレゼンス帯域の認識の仕方について解説するので、本章を読み終えたらご確認ください。

▶ スピーカーのサイズと音量の関係を考える

先ほど、「人の耳は音量が変わると低周波と高周波の聞こえ方が変わる」と述べました。従って、オーディオ装置の例で言うと、実際に皆さんがどのくらいの音量で再生するかが、特にスピーカー装置の選択に大きく影響することを知っておいてください。

この理屈で言うと、いわゆるオーディオルームや、オーディオルームとして使用できる部屋があり、そこで大きな音量で再生できる方より、比較的小さな音で再生するのを好む、または環境の問題でそうなってしまう人の方が、低周波と高周波の再生に優れたスピーカーを選択した方がよい、という結論になります。

一般論として、小型スピーカー（ブックシェルフなどの卓上型）よりも大型スピーカー（トールボーイなどの据置型）の方が、特に低周波の再生能力に優れていることが多いのです。

となると、等ラウドネス曲線の話と合わせて考えれば、「私は小さい音量でしか聴かないから、小型スピーカーで良い」はむしろ理屈に合わないことがわかります。小さい音量で聴くことが多いのならなおさら、低周波や高周波の再生能力に優れたスピーカーを選ぶべきで、その際、スピーカーのサイズは大きくなる可能性が高くなります。何となくイメージとして、オーディオルームを所有している人の方が大きなスピーカーを所有しているように思えますし、実際それはそうなのでしょうが、理屈で言うと、そういう方「だけ」が大きなスピーカーを選べば良い、というものでは

ないことがわかります。

　また、「大きなスピーカーだから大きな音がする」というのも必ずしも正しくありません。そのスピーカーが大きな音がするなら、それは音を再生する効率が良いからです。アンプのボリュームを上げれば、小型スピーカーでもかなり大きな音で再生できます。大きなスピーカーがなぜ大きいかというと、**より低い低周波（超低周波）までしっかり再生する**ために他なりません。

　低周波を再生するためだけにスピーカーのサイズが大きくなる？　何だか釈然としませんね。しかし、低周波をきちんと再生するのは、斯(か)様に手間がかかるものなのです。低周波がきちんと──というか、**20Hz付近まで再生された場合の感動や、感じられるリアリティはすばらしい**ものがあります。ですから、わざわざ大きなスピーカーを大きなキャビネットに入れたり、さまざまな工夫がなされているのです。

　先の音量のところでも述べましたが、オーディオを再生するのに適した音量は65dBから95dBくらいとされています。ライブハウス並みに大きな音量で再生する環境でも110dBちょっとでしょう。この値は、通常のアンプと小型スピーカーでも十分再生できるレベルです。従って、**小音量でしか聴かないから大型スピーカーは不要という結論にはならない**のです。

　そうは言っても、デスクの上に置くスピーカーを大型にはできません。ですから、やはりここでもカットオフ周波数を確認することが重要です。また、後述しますが、もし「フワッとした低音」が好みなら、小型スピーカーでも**バスレフタイプ**のスピーカーを選ぶことで、タイトではないのですが、フワッとした感じの量感たっぷりの低音を得ることができます。バスレフとはバスリフレックス（Bass Reflex）の略で、スピーカーボックスに空気孔を開けて、

低音再生効率を良くする仕組みのことです。他にも低音再生効率を良くする仕組みとして、バスレフほどメジャーではありませんが、パッシブラジエータ方式も、ときどき使われています。

　高音についても述べておきましょう。製品によって、全周波数帯域を1基のスピーカーで担当するもの（フルレンジスピーカーと呼ばれることが多い）と、周波数帯域を分割して、分割された各周波数をそれぞれ複数のスピーカーで担当するものがあります。それぞれ長所と短所がありますが、現在では複数のスピーカーを使用する製品が圧倒的に多いです。2-way、3-way、4-wayといった言葉を聞いたことがあると思いますが、最初の数字はスピーカーの数を表していると理解していただいて結構です。2-wayは

バスレフ方式のスピーカー

例えば、本書で後ほど取り上げるパイオニアのS-A4 SPT-PMだと、背面に空気孔が見える。これがこの製品のバスレフ。空気孔を開けることで、音量を大きくしたり、より低音再生能力を高めるのが目的である。内部とつながっている空気孔（形はさまざま）が四方になければ、それは密閉式となる。よほど大型のスピーカーでないと密閉式はないが、そのタイトな音質を好む人も多い

2基のスピーカー（ウーファーとツイーター）、3-wayは3基（ウーファーとスコーカーとツイーター）、4-wayは4基（最近はウーファー、スコーカー、ツイーターに、スーパーツイーターと呼ばれる超高周波を担当するスピーカーを使用することが多い）使用しています。

スコーカーは、最近だとミッドツイーターなどと呼ばれることもありますが、名称よりも大切なのはスピーカーの数で、特にフルレンジスピーカーと2-way以上の聞こえ方はかなり違います。ただし、担当する周波数範囲をより大きく再生するため、例えば同じウーファーが1台のスピーカーに2つ取り付けられている場合には、これは1種類のスピーカーと考えます。

複数のスピーカーを搭載すると、スピーカー内部でアンプから入力された信号を分割する必要があります。この分割する周波数を クロスオーバー周波数 と呼びます（図2-14）。クロスオーバー周波数は、通常、エンドユーザーには変更不可能で、その製品の音質に大きな影響を与えます。しかしスピーカーを複数搭載することで、特に高周波の再生能力は、ほとんどの場合、フルレンジスピーカーより向上します。ほとんどの単品スピーカーが2-way以上なのは、それが理由です。

また、ツイーターが存在することによって、小音量再生時のラウドネスも補正されます。つまり、小音量で聴いていても、フルレンジスピーカーより、高音がきちんと聞こえることが多いのです。

ただし、弱点もあります。スピーカーの取り付け位置が異なるので、それぞれのスピーカーから耳に届く時間がほんのわずか異なり、位相差が生じる設計のものがほとんどです。ここで生じる位相差は、わかる人にはわかってしまう問題です。また、クロスオーバー周波数で音量が落ち込む問題や、スピーカー間で音の干渉が起きてしまう問題もあります。

図2-14　2-wayスピーカーとフルレンジスピーカーの違い

2-wayスピーカー

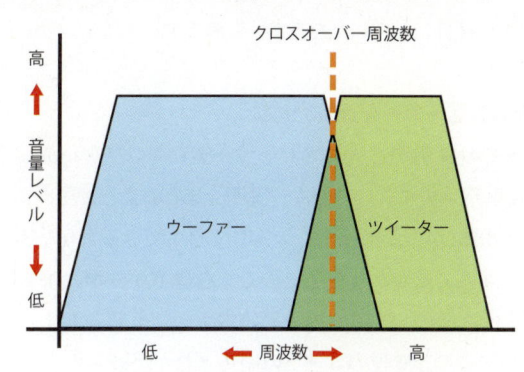

2-wayスピーカーは、低域を担当するウーファーと高域を担当するツイーター、計2基のスピーカーで構成される。スピーカーに入力された信号はクロスオーバー周波数で分割され、それぞれのスピーカーに送られる。独立したツイーターがあるので高周波特性に優れる

フルレンジスピーカー

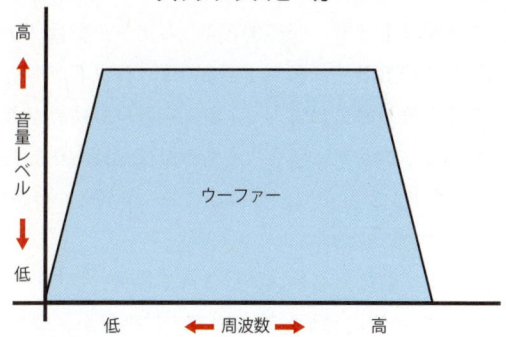

フルレンジスピーカーは、全周波数帯域を1基のスピーカーで担当する。クロスオーバー周波数の付近で音が濁ったり、音量が変化せず、位相もずれないが、高周波の再生能力は通常、2-way以上のスピーカーに劣る

フルレンジが良いか、2-way以上が良いかは製品にもよるので、自分の耳でチェックするのがいちばんです。低音再生能力と併せて、検討の材料にしていただきたいものです。

▶ 好みのスピーカーを選ぶために

ここまでの説明で、大体スピーカー選びのコツがわかっていただけたなら幸いです。いったん、説明をまとめましょう。

まず、20Hzから20kHzまで±3dBで再生できるようなスピーカーを入手するのはかなり難しいので、右肩下がり型、ドンシャリ型、かまぼこ型の3種類の周波数特性カーブを紹介しました。多くの人は、この3種類のカーブの中のどれかが好みのことが多いので、まずは自分がどのカーブが好みなのかを知ってください。これだけで、随分と「思ったのと違う……」という事態を防げるし、店頭でやみくもに試聴しなくても、店員さんに希望のスピーカーを伝えやすくなります。

次に設置スペースを考慮して、トールボーイ型かブックシェルフ型かを選択しましょう。一般的にトールボーイ型はブックシェルフ型に比べて低音再生に優れているので、右肩下がり型またはドンシャリ型が好みの人にはトールボーイ型がお勧めです。ブックシェルフ型でドンシャリ型も、もちろん探せばありますが、どちらかというとドンシャリ型が好みならトールボーイ型の方が見つけやすいはずです。

ブックシェルフ型は、バスレフ型を選ぶ場合、フワッとしてはいますが低音再生能力は悪くないので、右肩下がり型の人には良いはずです。一方、かまぼこ型が好きな方だと、密閉型の方がタイトかつ低音再生がやや弱めなので、好みに合う可能性が高いでしょう。

今時の単品スピーカーは、特に断りがない限り、2-way以上でツイーターがついているので、あまり高域再生能力について考慮する必要はありません。逆にかまぼこ型が好きな方は、ツイーターがないフルレンジ型スピーカーを選ぶとイメージどおりかもしれません。

参考までに、以上を表にまとめました。ただし、これはあくまでカーブの好みと低周波再生能力、高周波再生能力で分けた一般論です。もちろん例外もあるので、本当に参考程度です。実際には好みの周波数特性カーブがわかってしまえば、店員さんに尋ねたりして、簡単に好みに近いカーブのスピーカーが見つけられるようになるはずです。

何度も述べますが、まずは自分の好みがどのカーブなのかを見極めてください。そのためには、ショップの方と仲良くなったり

表　スピーカーの種類と周波数特性

周波数特性カーブ	型の違い (低周波再生能力)	スピーカー数 (高周波再生能力)	トールボーイ型	ブックシェルフ型
右肩下がり型	バスレフ型	フルレンジ型	○	○
		2-way以上	◎	○
	密閉型	フルレンジ型	○	○
		2-way以上	○	○
ドンシャリ型	バスレフ型	フルレンジ型	△	△
		2-way以上	◎	○
	密閉型	フルレンジ型	△	△
		2-way以上	○	△
かまぼこ型	バスレフ型	フルレンジ型	○	○
		2-way以上	△	△
	密閉型	フルレンジ型	◎	◎
		2-way以上	○	○

まずは自分の好みの周波数特性カーブが「右肩下がり型」「ドンシャリ型」「かまぼこ型」のどれなのかを見極める。◎と○は筆者のお勧め。△はあまりお勧めではない

して、まずは聴いてみることです。オーディオ装置は**体験型商品**と言われます。**実際に聴かなければ、どんなに知識を仕入れてもピンと来ない**という意味です。どんどん体験して、好みのカーブを見つけ出しましょう。

▶ ヘッドフォンのメリットとデメリット

　ヘッドフォンは、かつて狭い住宅事情を抱える日本で人気でしたが、最近では欧米や日本以外のアジア圏でも大人気です。iPod以降のデジタルミュージックの普及がその最大の要因でしょう。

　本書は、基本的に音響心理学を中心としたオーディオの理解と、スピーカーを用いたオーディオシステムの構築に主眼を置いていますが、少しだけ触れておきましょう。

　まず、ヘッドフォンやイヤフォンは、スピーカーより耳に近く、部屋の音響に左右されにくい分、**低周波も高周波もスピーカーと比較して相対的に出しやすい**と言えます。つまり、スピーカーで50Hz以下をしっかり出すのは、構造および部屋の音響上とても難しいのですが、ヘッドフォンやイヤフォンは、その制約がない分、30Hzくらいまで割と簡単に再生できます。高周波も室内で吸音されないので、簡単に12kHz以上を再生できます。

　一方、弱点もあります。ヘッドフォンやイヤフォンは、構造上、耳の真横から音が鳴るので、周波数的には問題がないものの、ステレオ感という意味では大きな問題が生じます。

　先ほど述べたとおり、ステレオ感は正面の2つのスピーカーによって構成された音場の中で、音が左右どの辺りで鳴っているか（定位）を認識することで実現されます。ヘッドフォンやイヤフォンで真横から再生されると、人の耳では単に「左右の真横から音が鳴っている」と認識してしまい、このステレオ感をうまく認識

できないのです。

　ですから、ヘッドフォンやイヤフォンによるリスニング体験では、「周波数的には最高を狙えるが、スピーカーのようにステレオ感を感じ取ることはほぼ不可能である」ということを覚えておいてください。

▶ ヘッドフォンやイヤフォンの種類

　世の中には数多くのヘッドフォンやイヤフォン製品があります。イヤフォンとはいえ、耳の穴にねじ込むタイプのカナル（canal）型イヤフォン（In-Ear phone）で高品位の製品が登場してきているので、昔のようにオーバーヘッドのヘッドフォンだけを考えていれば良いわけではありません。現在、ヘッドフォンは、装着方法によって、以下の4種類の製品があると言えます。なお、ヘッドバンドが頭頂部に来るオーバーヘッド型と、首の辺りにかけるネックバンド型がありますが、この辺は、かけ心地——つまり、装着感に関わることなので、音質自体に大きな影響はありません。

① 密閉型ヘッドフォン
② 開放型ヘッドフォン
③ 耳掛け型イヤフォン
④ カナル型イヤフォン

① 密閉型ヘッドフォン
　密閉型ヘッドフォンは、スピーカードライバが内蔵された左右のイヤーカップで耳全体を覆い、音漏れしにくいタイプ——というか、音漏れしにくいよう設計されています。音漏れしにくいので、「より良い音を部屋の外でも楽しみたいけど、音漏れは困る」

という方に向いています。

また、密閉型ヘッドフォンは完全に耳を覆うので、イヤーカップがスピーカーのエンクロージャー（ケース）のように動作し、イヤーカップ内部で低音の増幅効果が起こりやすく、重低音から超高音まで再生しやすいのが特徴です。弱点としては、音がすべてイヤーカップ内で再生されて耳に到達するので、耳が疲れやすく、長時間の快適なリスニングにはあまり向かないという点です。

少し脱線しますが、かつて録音と言えば、往年の美空ひばりのようにフルオーケストラを従えて、ボーカルもオーケストラもすべて同時に録音する、通称、一発録りと言われる方法しかありませんでした。ですから、昔のボーカリストは、この一発録りで実力を発揮できるのが普通でした。録音は良くも悪くも、歌のうまいプロ中のプロしかできなかったのです。

しかし、1960年代中盤以降、マルチトラックレコーダーと呼ばれる、各楽器ごとに独立して録音できる装置がプロオーディオの世界で普及し、ボーカルと各楽器をそれぞれ別に録音できるようになりました。

マルチトラックレコーダーの出現により録音方法は多様化します。例えば、声量がないけど味のあるボーカルを、バックの演奏より目立たせて聴かせたり、一発録りはできないけれども、何回か歌えば良い歌が録音できるボーカリストを起用し、演奏に合わせて何回か歌い直してもらいベストテイクを採用したり、山下達郎やエンヤのように、同じまたは違うパートを何度も違うトラックに重ねて歌い、1人多重コーラスを録音したりできるようになったのです。

このとき非常に重要なのは、ボーカルを含めた各楽器が、オーディオ的に独立していることです。例えば、ボーカルならバック

の演奏が聞こえない、またはほとんど聞こえないようなクリーンな状態で、録音したいボーカルだけをきちんと録音する(録音する音源を他の音源からアイソレートする)ということです。録音されたボーカルに、バックの演奏がかぶっていたら非常に加工しにくいからです。アイソレートされていない状態のイメージは、電車内で他人のイヤフォンから漏れる「シャカシャカ」音です。あの音が、常にボーカルや楽器の音にかぶっていると思ってください。……不愉快ですよね。

録音時に、もしボーカリストや演奏者が開放型のヘッドフォンを使うと、ヘッドフォンから漏れている他の演奏パートも録音するマイクが一緒に集音してしまいます。こうなると、そのボーカルや楽器パートはアイソレートされておらず非常に加工しにくくなってしまいます。

そこでレコーディング時は、密閉式ヘッドフォンで音漏れを最小にし、ボーカルをバックの演奏から独立させて、なるべくボーカルのみにし、後で(ミックスダウン時に)加工するのです。あるトラックにはボーカルだけ、別のトラックにはギターだけ、という風に、互いに楽器やボーカルがアイソレートされていれば、エンジニアが音を混ぜる(ミックスする)ときに自由度が高まるからです。以上のことから、録音時は密閉式ヘッドフォンを使用し、開放型ヘッドフォンはほぼ100％使用されません。

なお、ボーカリストが使用するヘッドフォンに流れているのは、オーケストラの演奏や自分の歌声です。これらが聞こえないと、ボーカリストはリズムや音程を取れないからです。

② 開放型ヘッドフォン

開放型ヘッドフォンは、厳密には**イヤーカップ型**とイヤーカッ

プがない**耳当て型**があります。一時流行したネックバンド製品が耳当て型に該当します。両者の違いはイヤーカップの有無です。イヤーカップのない耳当て型は、低音を出せない代わりに大きなイヤーカップを装着することなく、カジュアルなスタイルで音楽を楽しめます。開放型というとおり、イヤーカップには空気孔があります。音は外にだだ漏れですし、外の音も結構聞こえます。なお、外部への音漏れを少し抑えたものは**セミオープン（半開放）型**とも言われます。

　開放型の利点は、外部の音が聞こえること、音の大部分が外に向けても再生される（音漏れする）ので、文字どおり、開放的な音質で、長時間のリスニングでも密閉式よりずっと疲れにくいということです。一方、弱点は当然、大量の音漏れです。例えば電車の中などでは使用すべきではないでしょう。また、音漏れが生じるので重低音の再生は難しいとも言えます。

　ただ、重低音の再生については、高価な開放型ヘッドフォンであればその限りではなく、結構な重低音まできちんと再生できます。筆者が試した限りでは、やはり音が外部に漏れるため、しっかりしてはいるものの、ややフワッとした低音のものが多いようです。密閉型のようにサブウーファーを想起するようなパワフルでエネルギッシュな鳴り方はしませんが、この辺も疲れにくさにつながります。

　なお、本書を読んで「オーディオ機器を買いたい！」と考えている方の場合、耳当て型は今のところお勧めしません。イヤーカップがないので低音再生が極端に弱いものが多く、ほとんどが数千円の価格で買えるカジュアルなものとはいえ、屋外や公共施設では音漏れがひどくて、使用に耐えません。ヘッドフォンを使用するときの長所である良好な周波数特性を得るのも困難です。です

から、本書で開放型ヘッドフォンと書いた場合、イヤーカップを装備した開放型ヘッドフォンのことだとお考えください。

③ 耳掛け型イヤフォン

耳掛け型イヤフォンは、iPodや、iPhoneなどのスマートフォン、デジタルミュージックプレーヤーの多くに付属しますが、人気は下火です。ヘッドフォンで言うと開放型に近い鳴り方をします。

音漏れが生じる代わり、密閉度の高いカナル型と異なり、外界の音も聞こえ、長時間のリスニングでもストレスが少ないと言えます。ただ、周波数特性の観点から見ると不利で、なおかつ音漏れが生じるので良い製品を見つけるのは困難です。

以上の理由から、部屋の外で音楽を楽しむときは、次で解説するカナル型イヤフォンの方が音漏れの観点からも、周波数特性の観点からもお勧めです。

④ カナル型イヤフォン

カナル型イヤフォンは、文字どおり耳の穴にイヤフォン本体を突っ込み、イヤフォンについている耳栓で耳に蓋をして音漏れを防ぐことで、良好な周波数特性を得る設計です。

鳴り方は密閉型ヘッドフォンに近く、周波数特性も重低音から超高音まで再生できるものが数多くあります。耳の中自体が、イヤーカップやエンクロージャーのように動作するので、低音は非常にパワフルでエネルギッシュです。

一方の弱点は、密閉型ヘッドフォン同様、耳の中で密閉された分、音の圧力が強く(音は空気の振動でしたね)、疲れやすいことです。これにより、長時間のリスニングには向きません。

カナル型特有のタッチノイズの問題もあります。タッチノイズ

は、カナル型イヤフォンのケーブルを触ったときや擦れたときのノイズが、ケーブルを伝って増幅され、耳に届いてしまうことです。このタッチノイズが嫌で「カナル型は使わない」という人もいます。

ここまでをまとめると、オーディオを良い音質で楽しむなら、

・密閉型ヘッドフォン
・開放型ヘッドフォン
・カナル型イヤフォン

のどれかをお勧めします。

▶ ヘッドフォンに必要なヘッドフォンアンプ

ヘッドフォンやイヤフォンのブームに乗って、最近はポータブル（携帯）を前提としたスマートフォン用のヘッドフォンアンプまで現れてきました。このことからもわかるとおり、ヘッドフォンやイヤフォンを使用するとき、やはりヘッドフォンアンプの品質は重要です。

ポータブルヘッドフォンアンプについては、他の書籍に譲りますが、自宅のオーディオシステムでヘッドフォンを使用する場合も、アンプが重要なことに変わりはありません。特に耳に近いところにスピーカードライバが存在して、部屋の音響特性にあまり影響されない分、ほとんどの人に周波数特性の微妙な変化が明らかになるという繊細さがあります。

したがって、ヘッドフォンアンプを選ぶことはとても重要なのです。とはいえ、筆者の考えはスピーカーのときとそれほど変わりません。

① まずは自分好みの周波数特性カーブを持つヘッドフォンを選び、自分の購入したオーディオアンプまたはサウンドデバイスに内蔵されたヘッドフォンアンプで聴いてみる。
② 満足がいかなければ、別途ヘッドフォンアンプの購入を検討する。

という流れで良いでしょう。

後述するRMEの「Fireface UCX」が持つヘッドフォンアンプなども、不自然な印象を受けない優秀なものなので、機会があればお試しください。

ちなみに、筆者は現在、音楽制作ではCrane Songの「Avocet」というモニターコントローラ（コントロールアンプのようなもの）に内蔵されたヘッドフォンアンプを使用しています。よくあるドンシャリ型ではなく、中域の解像度が高く、高域もしっかり再生されるので重宝しています。

プロ用ヘッドフォンアンプも紹介しておきましょう。Grace Designの「m920」は、家庭用でも高評価を受けている製品で、デジタル入力もできるデジタルヘッドフォンアンプです。コントロールアンプのように使用したり、USB D/Aコンバーター（USB DAC）としてPCに接続することもできます。Apple Remoteでコントロールすることも可能で、機能がてんこ盛りです。

SPLも、最近、家庭用オーディオ機器の販売店などで紹介されるようになりました。SPLは最近デジタル製品も出してきましたが、今回、紹介する「Phonitor mini」はオールアナログ製品です。コントロールアンプとしても利用できる同社の「2Control」もヘッドフォンアンプ内蔵です。ただ、まずは、単体アンプやサウンドデバイス内蔵ヘッドフォンアンプを試すことをお勧めします。

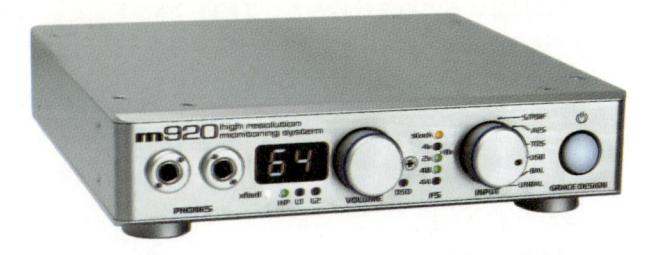

Grace Design m920。プロ/コンシューマーを問わず、人気の高い定番ハイエンドヘッドフォンアンプ。2系統のヘッドフォンアンプを内蔵し、USB接続のD/Aコンバーターとしても、複数デジタル/アナログ入力をサポートしたコントロールアンプとしても利用できる (実勢価格：25万円前後)

写真：アンブレラカンパニー

SPL Model 1320 Phonitor mini。最近、コンシューマー用としても認知されはじめた独SPLのアナログヘッドフォンアンプ。もともとSPLはアナログ機器のメーカーで、比較的、低価格で良質な製品を出すことで知られている(実勢価格：8万6,000円前後)

写真：エレクトリ

SPL Model 2861 2Control。2系統の入出力を選べる2系統のヘッドフォンアンプ。ヘッドフォンアンプとしてだけでなく、実質的にコントロールアンプとしても使用できるアナログ「モニターコントローラ」である(実勢価格：8万5,000円前後)。

写真：エレクトリ

▶ その他のヘッドフォンに関する四方山話

ヘッドフォンを使うとき、よく**インピーダンス**の話が出ます。インピーダンスは、ヘッドホンの持つ電気抵抗の大きさを表す数値で、単位はΩ（オーム）です。確かにヘッドフォンのインピーダンスに対応しているヘッドフォンアンプを利用するのがベストなのですが、どちらかというと、ヘッドフォンアンプの出力電圧がそもそも低いスマートフォンなど、モバイル用途のときに、より重要になってきます。

以前、筆者が試した高級ヘッドフォンは、スマートフォンに接続すると高域がなまってしまいましたが、その後サウンドデバイスのヘッドフォンアンプに接続したら、本来の高域で再生されました。また、筆者が所有しているヘッドフォンで、スマートフォンに直接接続しても、出力が低すぎて使用できないものがありました。これは、インピーダンスが合っていない例でしょう。

据置アンプや専用ヘッドフォンアンプで、インピーダンスが問題になるのは、よほど特殊なインピーダンスのハイエンドヘッドフォンの一部だけです。ですから、ヘッドフォンを購入するときに、「インピーダンスの合ったヘッドフォンアンプ**でないとダメ**なのか」を、お店に問い合わせておくのがいちばんです。ほとんどのヘッドフォンは、据置アンプや専用の据置ヘッドフォンアンプなら、ほぼ問題ないはずです。

なお、オーディオアクセサリは、据置オーディオシステムに接続して使用するなら、音質に影響するのはヘッドフォンケーブルでしょうが、変更できるのはAKGやパイオニアなど、**ミニXLR端子**と呼ばれる特殊な端子を採用しているメーカーだけです。たいていは、ヘッドフォンに直付けされているケーブル以外、選択の余地はありません。ミニXLR端子採用モデルなら、後述の

Belden + Neutrikのケーブルや、日本のケーブルメーカーであるオヤイデ電気のケーブルが入手できるので、探してみるのも一考です。

▶ ヘッドフォンの選び方はスピーカーと同じ

まずは、好みの周波数特性の製品を選ぶのが良いでしょう。筆者の経験では、「高価な製品ほど中域の解像度が高くなる」傾向にあります。

加えて、開放型だと低域がフワッとするので少しかまぼこ型に近くなります。密閉型だと低音のパワーが強いので、軽いドンシャリ型または右肩下がり型になることが多いです。

注意点としては、手ごろな価格のものはドンシャリ型が多いということです。**第3章**で紹介するスピーカーと同じように自分のリファレンス楽曲を持参して、お店で何機種か試聴するとわかるでしょう。

中には、流行の米ビーツ・エレクトロニクス（Appleが2014年に買収）のようなドンシャリのドン、つまり低域が極端に強いものや、低域がかなり弱くて高域がシャリシャリしているものもあります。

なお、直接スマートフォンにヘッドフォンを接続して試聴するのは、本来の実力が発揮できないことがあるのでお勧めしません。前述のとおり、製品によってはスマートフォン接続だとインピーダンスが合わない上にボリュームが小さいため実力を出せないからです。

できれば、据置型のヘッドフォンアンプで試聴したいものです。スマートフォンをヘッドフォンアンプにつないでもらって試聴しても良いでしょう。

▶ ハイレゾ音源について

CDの登場以降、デジタル音源の解像度と言えば長らく16bit/44.1kHzでした。しかし最近、その3倍の解像度を持つ24bit/96kHz以上の高解像度音楽コンテンツ、通称ハイレゾ音源が登場し、国内のオーディオマニアから注目されています。

サンプリング周波数が44.1kHzだと、実際に再生される周波数の上限は半分の22.05kHzです。人の耳の可聴帯域(聴き取れる音の帯域)は20Hz～20kHzなので、CDはその少し上の22.05kHzまでしか再生しませんでした。

では、なぜ96kHz(実際には48kHz)という、従来の倍の周波数を再生できるハイレゾ音源が登場したのでしょうか？

まず、人の耳は、基音で20kHzを聴き取るのは困難です。しかし、もし300Hz(低周波)の音に複雑な倍音が乗って、その音に20kHz(高周波)まで倍音が含まれていれば(セットになっていれば)、人は案外、簡単にそれを聴き分けられます。

人は、基音で40kHzが再生されていても、コウモリなどのように超高周波を聴き分ける耳を持っていないので、ほとんどの人には聞こえません。しかし、倍音で40kHzを聴き分けることは、ほとんどの人にはできないものの、感じるだけなら案外できます。

この聴き分けられないが感じられる超高調波倍音を含めることで、より音楽コンテンツの品質を上げよう、というのがハイレゾ音源の趣旨だと筆者は理解しています。

実際、「アナログレコードは20kHzよりずっと上、30kHzだの40kHzだのまで再生される。だからCDより良い音なのだ」という人も多くいます。「だから、デジタル音楽も48kHzまで含めてあげれば、もっと良い音になるはずだ」という主張です。

実際に筆者も96kHz、192kHzのハイレゾ音源を、ずっと昔に

聴いたことがありますが、ある意味、思っていたのと逆の結果でした。まず「より多くの高周波が再生されているので、高周波が強く聞こえるものだ」とばかり思っていたのですが逆でした。高周波は滑らかに感じたのです。

もう1つ顕著だったのが音源の定位です。体験前は音場が広がる（ステレオイメージが広がる）のだと思っていたのですが、これも違いました。実際には、音源の定位がCDクオリティの音源よりも、正確かつピンポイントになり、ステレオの音場が広がるというよりは、個々の楽器がどこに位置しているのかが、よりはっきりわかるようになった、というのが正解でした。

よって、筆者も基本的に、ハイレゾ音源に関する一般的な主張には、間違いも矛盾もないと考えています。

ただ、データの量は増えますし、再生機器がハイレゾ音源のファイルフォーマットをサポートしていないと、再生すらできません。また、ハイレゾ音源は日本では大注目ですが、世界的に見るとまだマイノリティで、iTunes Store（16bit/44.1kHz相当の音源のみリリース）のように、多岐にわたるアーティストの楽曲を楽しめるかというと、まだまだそこまでいたっていません。

MacやWindowsをプレーヤーとして使用する場合でも、非圧縮の一般的なフォーマットであるWAV形式なら、iTunesでも再生できますが、FLACやDSF/DIFFというハイレゾ音源まで対応したファイルフォーマットの楽曲は、MacだとiTunesが非対応のため、前述したAudirvana PlusやAmarraという、サードパーティー製のハイレゾ音源プレーヤーを別途購入しなければなりません。iOSやAndroidも、別途ハイレゾ音源プレーヤーをインストールする必要があります。

なお、Windowsの場合は、こちらも前述した定番の無料音楽

プレーヤーであるfoobar 2000に、コンポーネントと呼ばれるオプションソフトウェアを追加したり、TEACやKORGのハイレゾプレーヤーを利用することで再生できます。

▶ ハイレゾうんぬんより、まずはオーディオシステム構築を

さらに、本書のメイントピックである再生機器の問題があります。スペックに「ハイレゾ対応」と書いてあっても、「本当にそれが、これまでのCDクオリティの音源より良い音になるかどうか」は、ひとえにリスナーが高性能な再生機器システムを持っているかどうかにかかっています。

加えて音源の問題もあります。16bit/44.1kHzや24bit/48kHzで録音された音源を24bit/96kHzのハイレゾフォーマットにリマスタリングしても、そもそも22.05kHz/24kHz以上はコンテンツに収録されていないので音質の向上は見込めません。特に「フルデジタル・レコーディング」と言われた1980年代から2000年代くらいまでの音源の多くは録音の記録媒体が16bit/44.1kHzなので、この時期の音楽が好きな方にとって前述のデメリットを甘受してまでハイレゾ音源を利用する意義があるのか疑問が残ります。

逆に、これからハイレゾフォーマットで作成される楽曲や、アナログ録音された楽曲は、確かに音質の向上を期待できます。今後の音源も「生楽器をマイクで録音」する伝統的な音楽制作をハイレゾフォーマットで行うなら、もちろん十二分に意味があります。しかし、例えば16bit/48kHzまでしか再生しないシンセサイザーなどの音源を使用している場合、それを一度スピーカーから再生してマイクで録音するなど面倒な手順を踏まなければ「ハイレゾ」にはなりません。これだと最悪の場合「録音はハイレゾだが、楽器は従来のCD/DATクオリティ」ということにもなりかねません。

いずれこのような問題は解消していくのでしょうが、筆者は「現時点では、やや時期尚早」という見解です。ハイレゾ音源に注意を向ける前に、まず自分の好みのオーディオシステムをハイレゾ、ローレゾ問わず楽しめるように構築しておく方が良いでしょう。

　特に、アナログアンプと超高周波まで再生できる優秀なスピーカーを用意しておけば、サウンドデバイスが対応した時点で、いつでもハイレゾ音源を最高の状態で聞けるのです。まずは、あまりハイレゾ音源にこだわらず、自分の好みのオーディオシステムを構築することを心がけたいものです。

▶ エージングは必要？　不要？

　本書の読者が気にするエージングは、電気的な慣らし運転のことだと思いますが、この意味であれば「いきなり110dBとかの爆音で新品のスピーカーを鳴らさない」という程度で十分です。復習になりますが110dBはライブハウスの爆音です。通常は65〜95dBくらいでしょう。スピーカーをこれくらいの音量で鳴らして不具合が出ることはまずありません。

　つまり、エージングを意識する必要はほとんどなく「新品の場合、通電直後しばらくは100dBを超えるような爆音再生を避ける」ということです。あまり神経質にならず、新品スピーカーを購入したらまずは「聴きたい音量以上には上げない」くらいでいいのです。

　なお「オーディオ機器の音質に経年変化はあるか？」と問われれば、答えは「ある」です。月日が経てば、ほぼ確実に音質は変化します。しかし、はっきり認識できる音質変化がいつ生じるかは製品によります。数日から数週間で顕著に変化を感じられる製品もあるようですが、大抵は数年です。

Column1

機材はどんなお店で買えばいいのか?

　本書では、通常のガイドブックと異なり、プロ向けのオーディオケーブルBeldenなどをお勧めしています(128ページ参照)。とはいえ「どこで買えばいいのかわからない……」という方も多いでしょう。

　プロ向けのケーブルやアクセサリは、大手の楽器店へ行けば、基本的に入手できますが、一店、ケーブルの長さや端子形状を指定できるお店を紹介しましょう。

　それが、Rock On Company(ロック・オン・カンパニー)(http://www.miroc.co.jp/)です。

　東京・渋谷と大阪・梅田に実店舗があり、インターネットを利用した通信販売も行っています。

　Rock On Companyは、ケーブルの製作や家庭用オーディオアクセサリの相談にも乗ってくれますし、プロ用のサウンドデバイス(オーディオインターフェイス)の音を確かめたりもできるのでお勧めです。もちろん「このお店以外で買ってはダメ」ということではありません。あくまで「身近な楽器店が思いつかない」という方のためです。

　インターネットを利用した通信販売専門のお店としては、第4章で紹介するPRO CABLE(プロケーブル)(http://www.procable.jp/)も、ケーブルやアクセサリから、Thomannのアンプまで取り扱っています。

　とても個性的なショップですが、Beldenのケーブルは端子や長さを指定して購入できますし、Thomannのアンプは、現在、同店以外の代理店では取り扱っていません。参考になれば幸いです。

Column2

やたらに高価なケーブルをいきなり使わない

　ケーブルの目的は、あくまで装置のポテンシャルを余すところなく次の機器に伝えることですが、何を基準にすれば良いのでしょう？

　筆者がお勧めするケーブルは、アナログケーブルなら米国のBeldenまたは日本のモガミのものです。どちらもプロオーディオスタジオでは定番中の定番で、録音・再生機器の接続に非常に良く使われています。

　電源ケーブルも、Beldenのケーブルを使ったものはクセがほとんどなくお勧めです。日本のPSE法の影響で、一般的な量販店では購入できませんが、電気技術者免許を有している個人ショップなどでオーダーするのが簡単です。デジタルケーブルは、同軸ならBeldenとカナレ電気のものがお勧めです。光ケーブルはオルトフォンでしょうか。

　なぜ、アナログケーブルでは業務用がお勧めかというと、通常、一般の家庭よりもシビアに音質が求められ、かつケーブルを湯水のように何十本も使うので費用対効果も求められる音楽制作者たちが、半世紀以上も前から定番として使用し続けているからです。

　高いケーブルを買う前に、一度これらのケーブルを試してみましょう。少なくとも業界スタンダードのこれらの製品の品質は悪くはありません。まず、定番と言われるこれらの製品に耳をなじませてください。その上で、「どうしても不満があるなら、他ブランドのケーブルを試す」ことをお勧めします。そのころには、自分の中に基準ができているからです。まずは、業界スタンダードのアクセサリを使って、その音を耳になじませてから次に移るのがいちばん良いでしょう。

Chapter 3
自分が好きな周波数特性を知る

「好みの周波数特性を知ることが重要なのはわかった。でも、実際にどうやってそれを知るのか?」——オーディオは「体験型商品」なので、実際に試さないことには、自分好みの周波数特性を知ることができません。そこで本章では、その助けとなる手順を提案します。

周波数特性は人によって好みがある

　さて、概念的なことは**第1章**で大体説明しました。とは言っても実際にオーディオ機器を選ぶにあたり、「低域が」「中域が」「高域が」と言われても、数字で「何Hz」と言われても、「これが高域だ」などと言われても、ほとんどの人はピンと来ないどころか、何が何やらわからないでしょう。

　そこで本章では、実際にオーディオ機器を選ぶにあたり、**第1章で得た知識**、すなわち、電気的知識ではなく、音響心理学に基づいた理解を活用してみましょう。

　筆者がお勧めしたいのは、**自分がオーディオ機器を選ぶとき、参考にするリファレンス曲を必ず「複数」持つこと**です。この複数の曲はスマートフォンに入れておいても、CDに焼いておいても結構です。しかし、**必ず同じ曲を使用することが重要**です。毎回、その日の気分で試聴する曲を替えていると、それこそ筆者のように音楽を生業にしている人ですら、オーディオ機器の差を明確に指摘するのは困難です。

　リファレンスとなる楽曲は、自分の聴きたい音楽が気持ち良く聴けるかどうかを判断するものとは限りません。それこそ「このスピーカーはどの周波数特性カーブに近いのか」を知るために使ったりします。ですから、**必ずしも好みの曲である必要はない**のです。一方、聴き慣れた曲、良く知っている曲を含めておくことは重要です。聴き込んでいる曲は細部を良く覚えているので、機器が変わったときの差を理解しやすいからです。

　「低域が」「中域が」「高域が」と言ったとき、**いちばんわかりやすいのはドラム**です。ただ、ジャズのように、変幻自在でパターン化

せず、ドラムフレーズが常に変化していき、音量差の大きい（＝ダイナミクスのある、またはダイナミックレンジの広い）ドラムではなく、ポピュラーやロック、電子音楽など、**同じパターンを繰り返すタイプのドラム**が入っているものがお勧めです。これだと、多少強弱があっても、基本的に同じパターンなので、いちいち同じパートに戻って聴き直す手間が省けるからです。

この**同一性**は、特に周波数特性を判断するときにとても役立ちます。ぜひ、同じ、またはほぼ同様のフレーズを繰り返す、ループミュージック的な楽曲を選んでください。と言っても、ロックもポップスも、基本的にドラムは同じパターン＝フレーズの繰り返しですから、ロックやポップス、そもそもドラムがループであるエレクトリック系音楽から選べば良いでしょう。

問題はクラシック愛好家です。クラシックは、作曲された年代が古いほどパーカッションが少なくなりますし、比較的新しいものでも、アクセント的に使われる場合がほとんどです。主義主張と相容れないことは百も承知ですが、ロックやポップス、エレクトリック系の楽曲を1曲、**周波数特性を確認するためのリファレンス曲に選ぶこと**をお勧めします。

さて、「なぜドラムか」というと、ドラムは担当する周波数帯域が広く、楽器の中でも1度に低域、中域、高域を鳴らせる楽器だからです。しかも、音程がほぼ変わらず、パターンを繰り返す楽曲が多いからです。簡単に言うと、以下に分けられます。

① バスドラム＝低域

② スネア＝中域からプレゼンス
　 手拍子（ハンドクラップ）＝プレゼンス

③ ハイハットやシンバル＝高域

筆者が言っている低域だの、中域だの、高域だのは、大体この3つのパートを聴き分けられれば理解できます。これはそんなに難しいことではありません。

　バックで鳴っているドラムの中で「ドッタンドッドッタン」というフレーズが聞こえるとします。裏に小さく「チッチッチッシャー」という音が鳴っています。この「ドッ」がバスドラム、「タンッ」がスネア、「チッチッシャー」がハイハットです。

　タンバリンなども高域を担当します。もちろん録音や楽器、奏法によって、担当する周波数帯域が異なることもあるのですが、まずは聞き慣れたドラム入りの楽曲を数曲聴いてみて、「ああ、これのことだな」という曲を選んでください。

　次にそれをイヤフォンで聴いたり、他のオーディオ機器で聴いたりしてみてください。たいていの場合、イヤフォンで聴くとバスドラムがしっかり聞こえ、小さいスピーカーなどを使用すると、イヤフォンやヘッドフォンに比べ、ハイハットの「チッチッ」が大きくなるはずです。

　バスドラムが相対的に強ければ、大体の場合、**低域が強い**とわかりますし、ハイハットが強ければ**高域が強い**とわかります。スネアの音が相対的に強ければ、**中域が強い**ということです。

　参考までに、ドラムを全パート一緒に鳴らしたときと、各パートのみのオーディオデータをWeb (http://www.sbcr.jp/tokuten/audio/) に公開しておきます。「バスドラム、スネア、ハイハットの区別がつかない」という方は、まず、これを聴いて「これがバスドラムか」「これがスネアか」「これがハイハットか」と理解してください。

　ちなみに、筆者のリファレンス曲で、まず最初に再生するのは懐かしいディスコタッチの「君の瞳に恋してる」(The Boys Town

> サイエンス・アイ新書『本当に好きな音を手に入れるためのオーディオの科学と実践』
>
> **Web連動特別付録**
>
> ## スピーカー選びに役立つ無料音源配信中!
>
> **音源の使い方**
> スピーカーを選ぶときに便利な音源です。下記の各ボタンをクリックすると、それぞれの音源をダウンロードできます。
>
> **事前の知識**
> 一般的にいう「ドラム」は、もともと複数の演奏者が担当していた複数の打楽器を1人でたたけるようにしたものです。従って、さまざまな楽器（＝パート）に分かれています。ですからドラムは「ドラムセット」と呼ばれることもあります。
> ドラムセットは主に皮を

上のWebサイト（http://www.sbcr.jp/tokuten/audio/）で、スピーカーを選ぶときに便利な各種音源を配布している

Gang) です。シングル盤のショートバージョンですが、なぜこの曲かというと、ドラムパートが比較的低周波から高周波まできちんと聞こえ、「ドンドンドンドン」（いわゆる4つ打ち）と、楽曲を通じて、常にバスドラムが鳴っているからです。

さらに手拍子（ハンドクラップ）も、サビをはじめ、多くのパートで入っているので、プレゼンス帯域の強さもわかります。ハイハットも「チッチッチッチッ」、またはサビでは「チキチーチキチー」と、かなり高い周波数で継続的に同じ調子で鳴っていてくれるので、分析にもってこいなのです。

加えて、「ギーッガッガッ」というユニークなサウンドのギロ（ひょうたんなどの硬い材料につけた刻みを棒でこすって音を出す楽器）、フィンガースナップ（俗に言う、指パッチン）や、シェーカー（缶などの入れ物に砂などを入れた、振って音を出す楽器）が、極めて狭い定位（ほぼ中央でフィンガースナップ、もう少し右でギロ、シェーカーがいちばん右）で、これまた継続的に鳴っている

ので、ステレオ感を確認するのにも向いています。

読んでいるだけだと、何のことかわからないかもしれませんが、数種類のスピーカーで聴き比べをするとわかります。先ほどと同じように、原曲に近い定位で同じフレーズをWebに掲載しておきます。

「この方法が絶対」ではありませんが、ドラムを中心とした周波数特性の認識は比較的簡単なので、まずは試してください。

▶ より中域を理解するためのボーカル曲

前述の解説で、低域、中域、高域について大ざっぱに理解できれば良いのですが、もちろん、これだけですべてがわかるわけではありません。クラシックやジャズなど、ボーカルのないインストルメント曲を中心に聴く人より、歌入りのボーカル曲を聴く人の方が絶対数としては多数派です。そして、ボーカルパートは、特に**中域からプレゼンスの帯域が良好に再生されているかを判断する**のに非常に適しています。ボーカルは人の声なので、リスナーになじみが深く、かつ、こだわりが非常に強いパートな上、このパートを良好に再生できないオーディオ機器も結構多いからです。

ボーカルについては誰しも一家言あるので聴き慣れた曲を選ぶのがいちばんです。とはいえ、筆者がリファレンスとして使用している楽曲も、数曲ご紹介しておきましょう。

1つはジャズボーカルの金字塔である、Heren Merrillのアルバム『Heren Merrill』から「Don't Explain」を。これは、ささやき系の歌唱で、いわゆる色気たっぷりのボーカルです。これがきちんと聞こえれば、中域がきちんと再生され、かつ高域、超高域の声の倍音成分まで再生されていると判断できます。また、ウィス

パーボイスなので、歌の中に吐息が多く含まれています。中域が弱く、プレゼンスが強いと、この吐息がノイズっぽく聞こえます。これも、この曲をリファレンスに選んでいる理由です。

世間のオーディオファンが、よくリファレンスに使用するのは、もっと最近の録音で、Norah Jonesの『Come Away with Me』のタイトル曲です。アコースティックベースの聞こえ方で低域の強弱を判断できるのはもちろんのこと、彼女のボーカルはいわゆる**鼻づまり系**で、これまた再生機器の中域が弱く、プレゼンスが強いと、本当にただの鼻づまり声に聞こえてしまいます。そういう意味で、再現の難しい音源なので、多くのオーディオ評論家にリファレンス曲として採用されているのでしょう。筆者も最近よく使用します。

もうおわかりかと思いますが、この2曲は、いわゆる張った声のボーカルではありません。そう、**中域を分析するには、暗くてウィスパー気味、あるいは鼻がつまったような繊細なボーカルの方が適している**ことが多いのです。もちろん前述の「君の瞳に恋してる」のような張ったボーカル曲も、リファレンスとして使用しますが、張った声の曲は、中域というより、プレゼンス帯域の方が重要になってくるので、中域の分析にはあまり向かないことが多いのです。

また、ウィスパーボイスには、たくさんの吐息、ブレスが含まれている点も重要です。吐息、ブレスは、リスニングにおいてはとても色気を感じる重要な要素ですが、オーディオ的にはいわゆるノイズです。しかも、プレゼンス帯域を占めるノイズです。ですから、中域が弱くプレゼンスが強いと、すぐボーカル自体よりノイズの方が強くなってしまい、中域が弱いことを理解しやすいのです。

同じことは、管楽器にも言えます。管楽器も吹く楽器なのでノイズが混じります。これまた、名盤中の名盤、Miles Davis『Kind of Blue』の「Freddie Freeloader」は、冒頭からソフトに管楽器でコード（和音）を演奏しているのですが、これがソフトなので、ブレスが終始混じっているのです。中域が弱いオーディオ機器では、このブレスがノイズにしか聞こえなくなります。お試しください。

▶ 音程のある楽器としての「ベース」に注目する

　ここまでの説明で、今までとは聴き方がだいぶ変わると思いますが、ぜひ理解するだけでなく、**実感してください。音楽はつまるところ体験型商品**であって、実感しないことにははじまらないからです。

　しかしながら、筆者としてはもう一段理解を進めてほしい気持ちでいっぱいなので、ベースについても述べておきます。前項まででお腹いっぱいの人は、ここまでを実感できるよう試してみて、ある程度、「ああ、そういうことか」と理解できたら本項に進んでみてください。

　さて、低域は中域と並んで難しい周波数帯域です。バスドラムで、ある程度、低域の出方は把握できますが、それだけではふくよかさを司る低域や重低域を把握できません。これを理解するには、実は、**音程のある楽器としてのベースに注意を向けることも重要**です。音程のある楽器としてのベースとは、どういうことでしょうか？

　ドラムはパーカッションに属し、本当は音程もあるのですが、一部の例外的なプレーヤーを除き、ほとんどの場合「ドレミファソラシド」で構成されるメロディを奏ではしません。あくまでリズム

を刻むのが仕事です。しかし、ベースはリズムを刻みながら同時にメロディも演奏します。いわゆる「ベースライン」ですね。しかも、メロディを演奏する楽器の中でいちばん音程（つまり周波数）が低いパートを演奏するため、**低音メロディ楽器**とも呼ばれます。

　人の耳は面白いもので、通常、ボーカルにしか注意を払わない方でも、意識すればバスドラムに注意を向けたり、ハイハットに注意を向けられます。これと同じように、低音メロディ楽器に注意を向けることも可能です。

　試しに、前項までで紹介した曲を聴いてみてください。取り上げた曲は、すべてエレクトリックまたはアコースティックベースが入っています。これを認識できればしめたものです。このベース音とバスドラム音のバランスを聴いてみてください。意識してループされているフレーズを何度も何度も聴くと、だんだんわかってきます。参考までに、「君の瞳に恋してる」のベースラインも前述のWebに用意しましたので、お聴きください。

　このラインがベースラインです。原曲の中で、このパートが聴き分けられるようになればOKです。

　自分のオーディオ機器で、ベースラインがバスドラムと同じくらいのバランス（音量）、またはベースラインの方がむしろ強く感じられるなら、低域は重低域から低域、中低域まで、ある程度良好に再生できていると考えて良いでしょう。これはあくまで比較の話です。別のスピーカーで聴いたときにベースラインが聞こえにくくなったとすれば、その別のスピーカーの低音再生能力は、最初に聴いていたスピーカーより低い、ということです。

　ただ、シンセサイザーベースの場合は、この法則があてはまらないことが多いので、電子音楽が好きな方は、1970年代のアナログシンセサイザーしかなかったころの楽曲から選ぶことをお勧めし

ます。また、あくまでリファレンス曲なので、好みの曲を選ぶ必要はありませんから、前掲の楽曲から選ぶのも一考です。

▶ リファレンス曲で歪みを認識する

電気技師は、歪みにとても神経を使います。あたり前です。歪んでいてはせっかくの音楽が台なしになってしまうからです。しかし、歪みを一般人が計測するのは不可能です。中には**意図的に歪ませている音源**もあります。ハードロックやヘビーロックは、そもそもギターの音が激しく歪んでいます。

では、どのようにして機器の歪みを判断したら良いのでしょうか？ これもリファレンス曲を聴くことと、購入対象を最初は絞ることで、ある程度、実感できます。

もし、自宅にホームオーディオメーカー (例えばパイオニアやオンキヨー、JBLなど) のホームオーディオ向けスピーカーではなく、PCの周辺機器売り場などで購入した数千円のマルチメディアスピーカーをお持ちなら、これをPCに接続して、ある程度の音量でリファレンス曲を再生してください。その後、ホームオーディオ向けスピーカーでリファレンス曲を再生します。まだ「まともなオーディオ機器がない」場合は、イヤフォンやヘッドフォンで聴いてください。

このとき、イヤフォンやホームオーディオ向けスピーカーでは感じられなかった**イヤな感じ**がしたら、その機器は歪んでいる可能性が高いです。さらに、特にハイハットの音、つまり高域に注意して聴いてください。イヤフォンやヘッドフォンでは、ハイハットの音が「チッチッチッチッ」と聞こえたのに、「ザッザッザッザッ」という濁った音になったり、必要以上にうるさく聞こえるようなら、その機器は歪んでいます。手拍子 (ハンドクラップ) もわかり

やすいです。

　もちろん、これは極端な例で、言ってしまえば誰にでも理解できるケースですが、まず、こういうとてもわかりやすい例で実感することが重要だと考え、あえて説明しました。

　マルチメディアスピーカーは低価格なので、オーディオ再生のことをあまり考慮していないプラスチック製のものが多く、コスト的にスピーカードライバ自体も質の良いものを使えません。そういう意味では、PCやスマートフォンの内蔵スピーカーと同じです。ですから、スピーカーの筐体が共振したり、スピーカードライバ自体が高域で歪んでいても、それを軽減する処理を（コストの問題で）なにも行っていないことがほとんどです。これにより歪みが生じてしまうのです。もちろん、アンプが低品質で歪むこともあります。

　こういう製品を選ばないようにするためには、オーディオ機器を購入するとき、**PC周辺機器コーナーでオーディオ製品を購入しない**ことです。自分が慣れていないと自覚があるなら、なおさらです。必ずホームオーディオのお店、ホームオーディオのコーナーに行き、ホームオーディオブランドのホームオーディオ製品を試聴してください。「PC用」と書かれているものはひとまずパスです。そうすれば、歪みが強い製品を選んでしまうリスクを大幅に減らせます。

　ハイエンドの「まとめて購入すると数百万円！」という製品だとさらに歪みは減ります。どこかでリファレンス曲を再生して、マルチメディアスピーカーの音を確認した後、（買う買わないは別として）一度ハイエンドオーディオのお店にリファレンス曲を持参し、お店がお勧めするオーディオシステムで再生し、ハイエンドの音を実感するのも手です。

　歪みはとても重要なのに、理解するのがとても難しいトピック

です。歪みについての解説はたくさんありますが、「では、実際にどう聞こえるの?」という質問に対して、明快な答えを見たことは、今のところありません。筆者が思うに、そもそも本書などを必要としないベテランのオーディオマニア以外は、素直にホームオーディオブランドの製品を買うのがいちばんでしょう。

▶ リファレンス曲についてもう少し

せっかくなので、この10年くらい、定番として世界中で使用されている楽曲も紹介しましょう。筆者は音響調整の仕事でメーカーを訪問することも多いのですが、驚くほど多くの場所で、The Eaglesの再結成ライブアルバム『Hell Freezes Over』の「Hotel California」が、リファレンス曲として使用されています。あまりにも定番なので、筆者もリファレンス曲の1曲として使用するようにしたくらいです。

この曲がリファレンスに使われる大きな理由は、32秒付近からはじまるドラムとパーカッションのソロパートです。このソロパートでは、メロディ楽器がいっさい演奏されていない上、39秒付近からはバスドラムに加えて、ジャンベとおぼしき低音パーカッションが演奏されます。このバスドラムと低音パーカッションの組み合わせが、非常に低い周波数までつくり出すので、重低域の確認がしやすいのです。

また、このパートではスネアは鳴っていないものの、代わりにコンガのスラップで中域とプレゼンスが確認でき、ハイハット代わりのシェーカーが同じく39秒付近から鳴りはじめます。しかも数十秒この状態で同じパターンが続くので、やはり周波数の確認にもってこいなのです。

ただ、筆者はこの1曲でオーディオ機器を判断するのは危険だ

と思っています。理由は、このアルバムがライブ盤で、ライブ会場特有のノイズが多く、録音も決して優秀とは思えないからです。それでもリファレンス曲の筆頭として世界中で使用されていますから、紹介しておきます。もちろん、何曲かのリファレンス曲のうちの1曲であれば良いでしょう。

　ここまでお読みになって、リファレンス曲は**自分が気持ちの良い曲**だけを選べば良いのではないことがおわかりいただけたでしょうか？　リファレンス曲は、意地悪く言えば、オーディオ機器のあらを探すためのもの。オーディオ機器で再生するのが難しい曲の方が好ましいことが多いのです。もちろん、自分の大好きな「この曲を気持ち良く聴きたい！」という曲も必ず1曲以上、混ぜるべきですが、それだけではダメなのです。

　筆者も前述の「君の瞳に恋してる」や「Hotel California」を飽き飽きするほど聴いていますが、それでも相変わらず周波数分析をするときには必ず再生しています。

　また、リファレンス曲をさまざまなオーディオ機器で再生してみることも勧めます。安物のマルチメディアスピーカー、無線スピーカー、テレビ、イヤフォン、ヘッドフォン……同じ曲をいろいろなオーディオ機器、それも、質の悪いものから良いものまで玉石混淆で聴く。それも、低域、中域、高域くらいは意識しながら聴くと、「このスピーカーは、確かに低域が全然出ない」とか「このスピーカーはなんだか高域がキンキンする」とか「中域が弱くて声のノイズが大きい」とか「バスドラムはしっかり聞こえるけど、エレクトリックベースが弱い」など、いろいろ実感できるようになってきます。

　こういうある種の訓練——でも、きっと楽しい訓練——をすることで、自分の好みの周波数特性カーブが見えてきます。そう

すると、高価なのに自分の好みに合わない機器を買うリスクも減ります。

重ねて書きますが、オーディオは体験型商品です。自分でいろいろ試してみないとわかりませんし、逆にやみくもに試してもほとんど何もわかりません。本書はそのガイドラインです。

▶ 好みの周波数特性カーブを見極める

リファレンス曲が決まって、ある程度いろいろな自宅の機器で再生したら、リファレンス曲を持ってお店に行きましょう。前章までで「完璧なオーディオ機器はこの世に存在しないので、必然的に人によって好みが生じる」と書きました。好みは主に周波数特性によって生じ、筆者の見たところ主に3種類（右肩下がり型、ドンシャリ型、かまぼこ型）くらいに分かれるとも述べました。

ここでは、**実際にどうやってこれを判断するか**の手順を紹介しましょう。もちろんわかっている方は、自分のやり方で選んでいただいて結構ですが、多くの「そんなのわからない」という方は、以下の手順で試聴してみましょう。

ただし、あくまでこの手順では、同じリファレンス曲を使用して、ある程度の時間をかけて数台以上を試聴する必要があります。

また、第1章の音量の話で取り上げたとおり、同じくスピーカーでも音量が変われば聴こえ方、特に低音と高音の聴こえ方が変わります（ラウドネス）。お店は大きい音で「より良く」聴かせたがるでしょうが、そこはぐっと堪えて実際に自分が部屋でいつも聴いている音量で聴き比べるようにしてください。

また「低域、中域、高域が前に出る」「後ろに引っ込む」というのはあくまで相対的なものです。その点も注意してください。したがって、最初の1台の試聴で購入を決断してはいけません。せ

めて5〜6台、できれば10台以上を同じリファレンス曲で試聴すれば、好みが大体見えてきます。

まずボーカル曲がメインで、**とにかくボーカルの質感が大事な方**は、かまぼこ型を選んでください（図3-1）。これは何台も試聴しなくても結果はわかります。相対的に低域と高域が弱め、または引っ込むように感じられる場合は、かまぼこ型です。ただ、かまぼこ型でなくても、いわゆる中域がしっかりと凹むことなく再生されるスピーカーは高価なものが多いです。

筆者が今回試聴に使用したスピーカーの中には、かまぼこ型のように高域が落ち込むものはありませんでしたが、プロオーディ

図3-1　かまぼこ型の判断

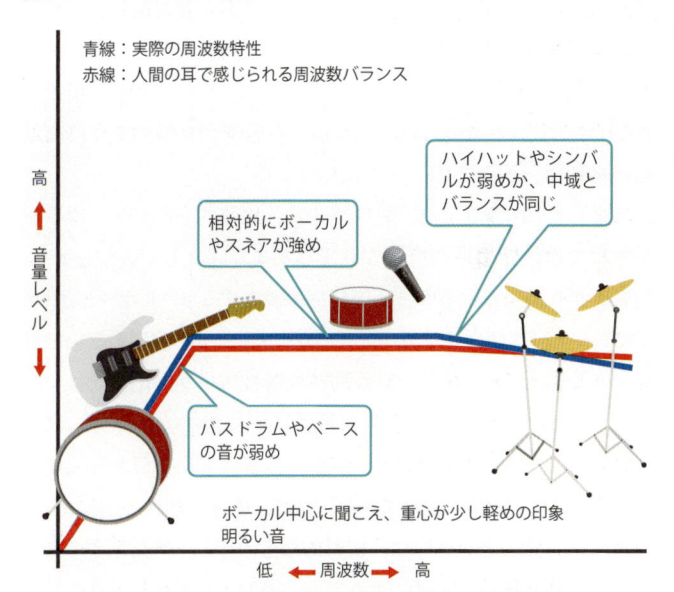

青線：実際の周波数特性
赤線：人間の耳で感じられる周波数バランス

縦軸：音量レベル（高↑↓）
横軸：周波数（低←→高）

- ハイハットやシンバルが弱めか、中域とバランスが同じ
- 相対的にボーカルやスネアが強め
- バスドラムやベースの音が弱め

ボーカル中心に聞こえ、重心が少し軽めの印象
明るい音

オで有名な高級ブランド、Musikelectronic Geithainの「ME-100」は、中域が歪んだり濁ったり引っ込んだりすることなく、見事にボーカルの質感を再生できていました。ただ、低域が相対的にフワッとしていて、低域の強い押し出し感はないので、ドンシャリ型が好みの人には、低域が物足りないでしょう。

　ドンシャリ型は、最近の家庭用スピーカーに多く見られます。ですから、基本的に家庭用スピーカーを選ぶなら、ドンシャリ型であると仮定して試聴に臨んだ方が良いでしょう。今回、執筆のために拝借したB&W（Bowers & Wilkins）のスピーカー「805 Diamond」「CM1 S2」は、共に軽いドンシャリ傾向でした。805 Diamondの方が筐体が大きい分、より低周波まで再生し、ドンシャリ具合がCM1 S2より顕著だっただけです。ドンシャリの確認方法ですが、「ボーカルより、バックの演奏が相対的に大きい」、前述のドラム入りリファレンス曲で「低域と高域が強く、スネアが引っ込む」ならドンシャリ型です（図3-2）。右肩下がり型との差がわかりにくいかもしれませんが、右肩下がり型のように高域も一緒に引っ込みません。

　スピーカースタンドなどを利用する、比較的小型のブックシェルフ型では、恐らく右肩下がり型はあまり存在しないでしょう。右肩下がり型を求めるなら、床に直接設置するトールボーイ型（アイソレーターは使いますが、スピーカースタンドを利用しないで設置できるタイプ）の方が、望む周波数特性カーブに出会いやすいです。前述のとおり、低域が相対的に前に出てくる一方、高域も中域のように下がるものを、本書では右肩下がり型と呼んでいます（図3-3）。重ねて書きますが、低域、中域、高域が前に出る、後ろに引っ込むというのは、相対的なものです。何種類かのスピーカーを聴き比べて初めてわかる場合がほとんどでしょう。リフ

図3-2 ドンシャリ型の判断

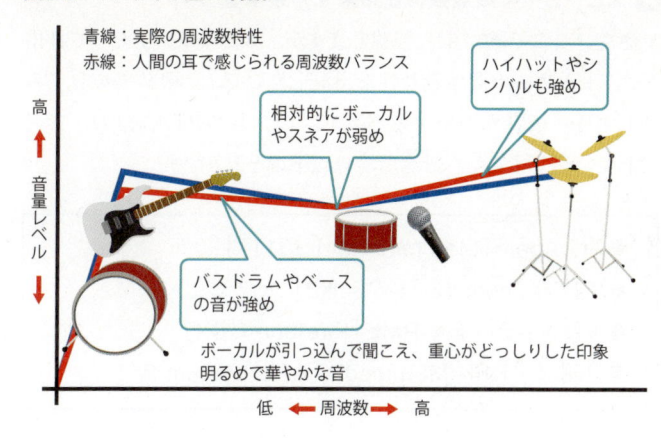

青線：実際の周波数特性
赤線：人間の耳で感じられる周波数バランス

- ハイハットやシンバルも強め
- 相対的にボーカルやスネアが弱め
- バスドラムやベースの音が強め

ボーカルが引っ込んで聞こえ、重心がどっしりした印象
明るめで華やかな音

縦軸：音量レベル（高↑↓）
横軸：低 ← 周波数 → 高

図3-3 右肩下がり型の判断

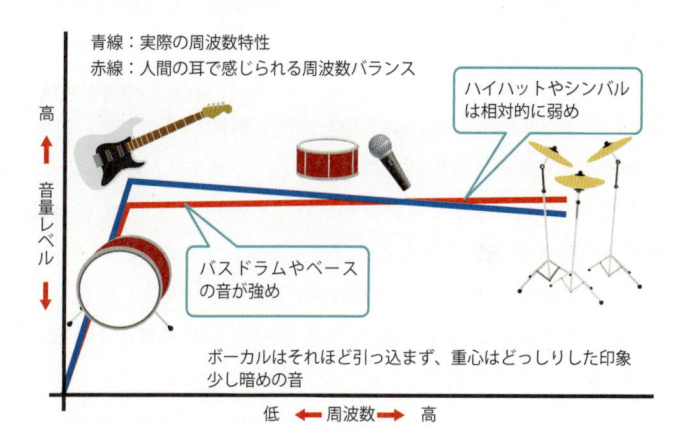

青線：実際の周波数特性
赤線：人間の耳で感じられる周波数バランス

- ハイハットやシンバルは相対的に弱め
- バスドラムやベースの音が強め

ボーカルはそれほど引っ込まず、重心はどっしりした印象
少し暗めの音

縦軸：音量レベル（高↑↓）
横軸：低 ← 周波数 → 高

ァレンス曲を決め、意識して低域、中域、高域を聴くようにしていれば経験値が蓄積され、まずは何となくわかってきます。楽しんで試聴してみてください。

▶ スピーカーの周波数特性結果を考察する

 さて、ここで話が少し脱線しますが、本書執筆にあたって拝借したスピーカーの周波数特性を計測したので、その結果を見てみましょう。筆者が所有するパイオニア「S-A4SPT-PM」も、参考として計測しました。計測環境は以下のとおりです。

> - PC：Apple「Mac mini (Mid 2011)」
> - アンプ：Thomann「S-75mk2」
> - サウンドデバイス：RME「Fireface UCX」
> - 計測ソフト：IK Multimedia「ARC System 2」

 マイクは、ARC System 2(以下、ARC2) 付属の計測ソフトに最適化されたもので、Fireface UCXとマイクは、Belden 8412 + Neutrikケーブルで接続されています。ARC2は、マルチチャンネルアンプの音響補正によく使われているAudyssey Laboratoriesのルームイコライザー (ROOM EQ：周波数特性を計測して、計測結果からスピーカーの周波数特性がなるべくフラットになるよう、各スピーカーのフィルターを自動計算して適用する。さらにスピーカーの距離の違いから生じる位相差を補正するため、ディレイという、音が鳴るタイミングを数mm秒遅らせる機能も用意されており、こちらも遅れを計測して各スピーカーに自動適用する) を、プロオーディオ向けにアレンジした計測ソフトです。よって、中身の計測アルゴリズムは、基本的にAudyssey Laboratoriesのものと考えて構いません。

 Thomannのアンプ、S-75mk2は、Beldenのスピーカーケーブルで各スピーカーと接続しています。計測信号はMac miniにインストールされたARC2の計測ソフト「ARC 2 Measurement」か

ら再生され、Fireface UCXを経由してアンプ、スピーカーに送られます。今回は、7カ所(最低限)のマイクを用いて、この計測信号を計測し、その結果をARC2で表示します。

注意点は、ARC2に限らずこの手の計測ソフトは、あくまで**部屋の音響込みで計測するので、「どこで計測してもこの結果になるわけではない」**ということです。もちろんアンプやプレーヤーによっても変わります。ですから、これが絶対的な周波数特性ではない点を十分に留意した上で読み進めてください。あくまで「全体のカーブとしてこういう傾向」というのが正しい理解です。

▶ 中央から上下1つ目の目盛り内なら理想

グラフの見方を解説しましょう。注意して見るのは左右2つの**オレンジ色のグラフ**です。左右のグラフはそれぞれ左右のスピーカーの計測結果です。微妙にグラフが異なるのは、設置場所によって音響特性が異なるからです。これを見ても、部屋の音響特性がスピーカーの周波数特性に大きな影響を与えることがわかります。オレンジ色のグラフは「BEFORE」、つまりARC2のルームイコライザー適用前の素の周波数特性を表します。

ですから、読者の皆さんは、基本的にこのオレンジ色の周波数特性グラフだけを見れば良いでしょう。なお、白色のグラフが「AFTER」、つまりARC2のルームイコライザー適用後、緑色のグラフは「TARGET」、つまりフラットな理想的グラフです。

さて、**第2章**では「50Hz～15kHzの周波数帯域を、±3dBの誤差で再生できれば、非常に優秀とされている」と書きましたが、このグラフの縦軸(y軸)は3dB単位です。つまり、**中央から上下1つ目の目盛りの範囲に大体収まっていれば超優秀**ということになります。周波数は左に行くほど低く、右に行くほど高くなりま

す。横軸（x軸）で見た周波数が、縦軸（y軸）中央の「0dB」と書かれた**中央値より上にあればその周波数は他の帯域より強く、下にあればその周波数は他の帯域より弱い**ことになります。

本書では特定周波数の落ち込みや、ピークについては細かくコメントしません。あくまで、読者の皆さんが「実際のスピーカーは、どのような感じの周波数特性になるのか」「周波数特性カーブはどのようなものか」理解できるように結果を公開しています。

繰り返しになりますが、皆さんの自宅で同じ計測結果になるとは限りません。しかし、よほど部屋の音響特性に問題がない限り、周波数特性カーブは似たカーブになることを覚えておくと良いでしょう。

・B&W「805 Diamond」

まずは、人気のB&W「805 Diamond」を見てみましょう。B&Wの人気ブックシェルフ型スピーカーで、写真のように特徴的なツイーターが個性的です。

805 Diamondの周波数特性カーブですが、**典型的なドンシャリ型**と言って差し支えないでしょう。ただ、興味深いのは、凹んでいるピークが2〜3kHz付近ということです。これはプレゼンスの帯域です。ですから、中域ではなくプレゼンスを意図的に落とした、中央の凹みがやや高い2〜3kHzにある、少し変わったドンシャリ型、またはフラットでプレゼンスを落としているとも解釈できます。

周波数特性は全体的に優秀と言って良いでしょう。「50〜15kHzの信号レベルが、±3dBの範囲にあると優秀」という原則から考えると、60Hzから20kHzくらいまでが±3dBの範囲で、これを超えているのは2〜3kHz付近、もう少し言うと1.5〜3.5

B&W「805 Diamond」

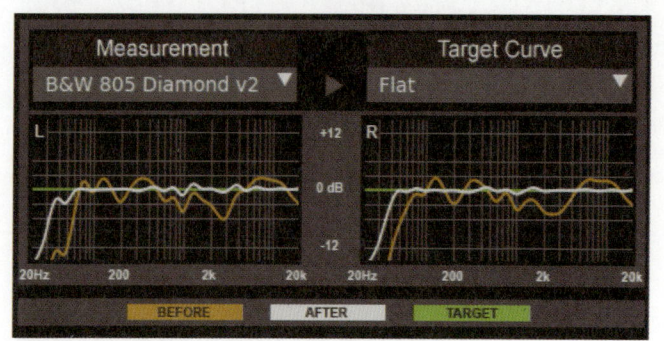

周波数特性の計測結果

kHzくらいだけです。それもせいぜい－6dBです。ここはプレゼンスの帯域ですから、音質というよりも、音の明るさや暗さに大きく影響します。B&Wの音は一般的に「クラシックに向いた音」「イギリスメーカーの音」と言われます。これは、プレゼンスを少し落とすことでやや暗めの音になるからでしょう。クラシックは、暗めの音で聴いた方が深みを感じるためです。ドイツ以外のヨーロッパのメーカーは、確かにプレゼンスを落とし気味で、暗めの印象的な音質の製品が多く見受けられます。805 Diamondもそういう方向性ということです。

仕様では、再生周波数レスポンスが「49Hz～28kHz（±3dB）」です。筆者宅では10Hzほど低周波が足りませんが、大体公称値どおりの結果と見て良いでしょう。公称値に近づけたければ、アンプやアクセサリーを交換していくのが早道です。もちろん部屋の音響を調整するのも非常に効果的です。実際、Mcintoshのパワーアンプ「MC-152」と接続したときは、計測こそしていませんが、聴感上はっきりと低周波の再生能力が向上していました。それが好みかどうかは別として、高価な家庭用アンプは、全般的に低周波の駆動能力に優れている印象です。「もっと低音が欲しい」という方は、アンプを替えることをお勧めします。

・B&W「CM1 S2」

805 Diamondはクラシック音楽に限らず、それ以外の音源も、とても気持ち良く再生してくれます。プレゼンスを落とした暗めかつ軽いドンシャリ型が好きなら真っ先に候補に挙げて良い製品の1つです。しかし、実勢価格で55～65万円前後（ペア）と、ハイエンドのスピーカーと比べればそれほどではないのですが、予算に限りのあるリスナーには手を出しにくい価格です。ですから、

CHAPTER 3 ── 自分が好きな周波数特性を知る

B&W「CM1 S2」

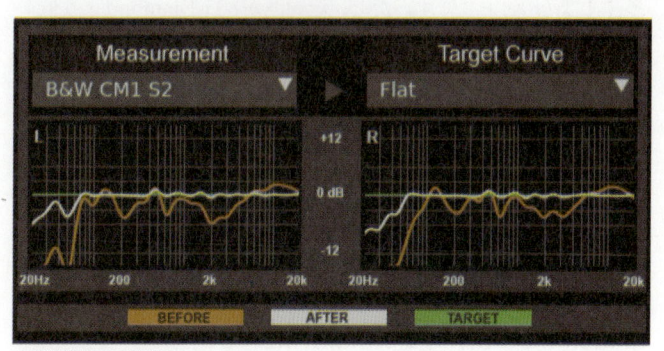

周波数特性の計測結果

より小型の、こなれた価格で大ヒットした「CM1」の第2世代である「CM1 S2」も視聴・計測しました。CM1 S2は、実勢価格で12〜13万円前後(ペア)です。

ご覧のとおり、CM1 S2の周波数特性は805 Diamondと似た軽いドンシャリ型ですが、左右で805 Diamondより顕著に違いが出ます。ということはCM1 S2の方が805 Diamondより、部屋の音響に周波数特性が左右されやすいと推測できます。

左スピーカーの下限が70Hz、右が80Hzくらいですね。再生周波数レスポンスの公称値は、50Hz〜28kHz(±3dB)となっていますから、公称値より20〜30Hz高くなっています。これもアンプやアクセサリを替えたり、部屋の音響を調整することで改善できる可能性はあります。

CM1 S2は、2〜3kHz辺りをピークとするドンシャリ型ですが、この部分が落ち込むのは805 Diamondと同様です。やや暗めの音も805 Diamondと同様ですし、クラシック音楽に向いていると言えばそのとおりです。ただ、低周波が805 Diamondより低い周波数まで伸びないのと、ドンシャリカーブが相対的により浅いので、805 Diamondよりは、やや明るめの音に感じられました。

20kHz付近まで±3dBの範囲に収まっていますし、サイズを考えれば非常に優秀なスピーカーで、先代から人気なのもうなずけます。サイズと価格を考えても入門用として、セカンドスピーカーとして、またデスクトップ用としても非常に優秀です。

・Musikelectornic Geithain「ME-100」

大メジャーのB&Wを取り上げましたが、次は、ここ10年以上、プロオーディオの世界で常にトップランクに数えられるドイツのハンドメイドスピーカーメーカーであるMusikelectronic Geithainの

Musikelectornic Geithain「ME-100」

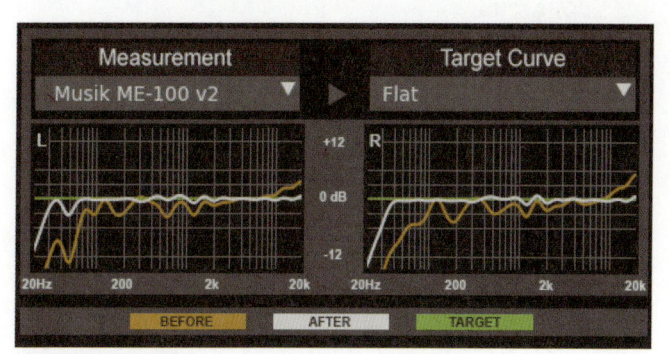

周波数特性の計測結果

パッシブタイプ（アンプ非内蔵）スピーカー「ME-100」を見てみましょう。今回、最も大型で高価（実勢価格：82万2,000円前後、ペア）なスピーカーです。

周波数特性カーブが、前述したB&Wの2製品と違うのは誰の目にも明らかですね。**周波数特性カーブは、かまぼこ型の変形と言えます。**かまぼこ型の、高周波が落ち込まないタイプです。周波数特性の公称値は50Hz〜20kHzですが、低周波は筆者宅では思ったほど伸びません。左スピーカーで70Hz、右スピーカーにいたっては90Hzくらいまでしか出ません。

逆に、300Hzくらいから上の高い周波数はほぼ±3dBに収まっており、16kHz以上では、何と+3dBの上限を超える伸びを見せています。最初、「何かの間違いか？」と思って、何度か計測し直したくらいです。それくらい、この16kHz以上の伸びは異常なことでした。筆者宅ではさまざまなスピーカーの周波数を計測していますが、筆者の自宅は15kHz以上がより強くなる音響特性ではないからです。

これが意味するのは**耳が痛くならない超高周波が、かなりしっかり再生されるよう設計されている**ということです。ですから指向性もシビアです。スピーカーをリスナーの側に向けて、ツイーター（ウーファーの前についている特異な仕様）が耳の高さにちゃんと来るようにしないと、何だか気持ちの悪い音に聞こえてしまいます。

逆にきちんと設置すれば、ボーカルの再生能力などは群を抜いてすばらしいものでした。中域に落ち込みがないので、ボーカル以外の中域も、他のスピーカーよりグッと前に出てきて、しかもブレスや管楽器がノイズに聞こえません。

一方、特性が低周波以外フラットなので、コンテンツの音量差

も思いっきり感じられ、プレーヤーのボリュームをしょっちゅういじることになりました。この辺は家庭用というより、やはりプロ用途という印象です。

低域が少なく、超高域が伸びている周波数特性カーブのとおり、明るく華やかですが、低音の再生はB&Wに比べて、計測時の設置方法ではいま一つでした。恐らくバイアンプ(ツイーター側の高域とウーファー側の低域それぞれに、別のアンプを接続すること)にして、ウーファー側のアンプの音量を上げるとか、部屋の音響を見直す必要があるのでしょう。ME-100も、左右のばらつきが大きい機種なので、音響調整の効果も大きいでしょう。ちょっぴり往年のTANNOY(タンノイ)を思い出す、すばらしい製品でした。

・パイオニア「S-A4SPT-PM」

最後に、筆者宅のパイオニア「S-A4SPT-PM」を取り上げましょう。本機は、今回計測したスピーカーの中で、最も廉価かつ小型です(実勢価格:6万円前後、ペア)。小型スピーカーの中では、登場したころから評判が良く、現在まで人気の製品です。

S-A4SPT-PMは、1.7kHzあたりがピークの軽いドンシャリ型です。落ち込んでいる帯域は狭いので、どちらかというとフラットに近いとも言えます。左スピーカーの方が、3kHz以上のプレゼンスから高周波が良く出ているので、本スピーカーもまた、部屋の音響特性の影響を受けていると考えられます。高周波は、左スピーカーが18kHzくらい、右スピーカーが15kHzくらいから落ち込んでいきます。

とはいえ、S-A4SPT-PMはB&Wのドンシャリ型とはピーク周波数が異なり、もう少し1kHz寄りなのがわかります。どの辺の

周波数を持ち上げるか、下げるかが、製品ごと、メーカーごとの個性です。全体的には、B&WやMusikelectronic Geithainのような、個性的な周波数特性カーブではありませんが、いわゆる日本のメーカーらしい、**良い意味で中庸な、バランスの良い特性**でしょう。実際の音は、1.7kHz付近は落ち込んでいますが、プレゼンス帯域はフラットからやや強めに再生されるので、ドンシャリ型とはいえ、B&Wのように暗めの音ではありません。もう少し華やかな音です。

　B&Wの805 DiamondやMusikelectronic GeithainのME-100のように、十分な大きさの筐体（エンクロージャー）がないため、全体の音の印象はスケールが小さめですが、ミニコンポに付属している程度のサイズであることを考慮すると、入門用や2台目のスピーカーとしても向き、長く聴けるスピーカーです。低周波も70Hzくらいまで出ています。

　ちなみに、筆者はこれを仕事用のデスクに設置して、ときおり音質チェックにも使用します（音質チェックは通常、複数のオーディオシステム、またはスピーカーで行います）。

　第2章でも述べましたが、まずはS-A4SPT-PMのようなスピーカーを購入して、**安価な（数千円の）マルチメディアスピーカーなどとは次元の違うホームオーディオスピーカーの音の良さ**を実感した上で、次のステップに進む——つまり、B&WやMusikelectronic Geithainなど、数多く存在するスピーカーメーカーの製品を試すことをお勧めします。

パイオニア「S-A4SPT-PM」

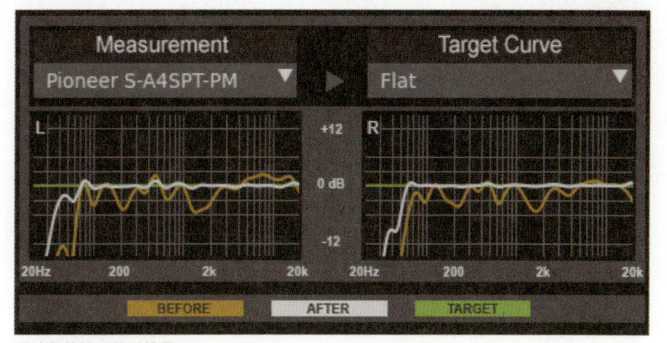

周波数特性の計測結果

Column3

Mac miniは結構うるさい?

　Mac miniは、冷却ファンを搭載しています。環境によっては「ファンの音が気になる……」ということもあるでしょう。

　Mac miniの冷却ファンの回転数を落とすには、「Macs Fan Control」(http://www.crystalidea.com/macs-fan-control)というフリーウェアのファンコントロールソフトがお勧めです。

　ファンコントロールソフトを使うときの注意は、**ファン速度を下げると、CPU速度も落ちる**という点です。ファンが極力回らないようにすると、Mac miniの処理速度も落ちます。この結果、最悪の場合は音切れが発生したり、操作時に極端にストレスを感じることもあります。

　Macs Fan Controlは、監視対象をCPU、GPU、AirMacカードなど、さまざまなものから1種類指定できますが、CPUを監視する設定にしたとき、少し処理負荷がかかると、すぐCPUの温度が上昇しました。

　このとき、ファンが回らない状態だと、すぐにCPU速度が落とされるようで、Mac miniのレスポンスが極端に悪くなってしまいました。筆者のテストでは、**ファンの回転数が3,000回転/分以下なら、レスポンスもまずまず**でした。

　ファンの回転数は、部屋の環境や設置場所、地理的な条件、気候条件によって変わるので、試行錯誤するしかありませんが、筆者が使用している「Mid 2011」モデルでは、耳から1m離した状態の場合、3,000回転/分くらいのファンノイズは、ほとんど気になりませんでした。

Chapter 4

何を選んで、どう設置する？

本章では、今どきの「PCを中心とした」オーディオシステムを構築するにあたり、お勧めの機器を紹介します。室内での設置方法や、アクセサリ関連についても述べています。「理屈はわかるけど、実際に機器を選ぶのは難しい」という方は、ここからはじめてみましょう。

高価な機器を一度に揃えない

　本書は、唸(うな)るほど予算があって、数百万円のオーディオ機器を気軽に買える方を読者として想定していません。そういう方は、すでにオーディオ機器についてよくご存じでしょうし、自分なりの好みもわかっているでしょう。何より、最悪、失敗しても、その機器を売却して、別の製品を購入できることでしょう。

　しかし多くの人は、恐らくそのように恵まれた環境にはないでしょう。そういう方に、**できるだけリスクを避け、無駄な出費をすることなく、音楽を再生して幸せになれる、身の丈に合ったオーディオ機器を選べるようになっていただく**のが、本書のささやかな希望なのです。

　そういう観点に立つと、**第1章**から再三述べているとおり、まず**いちばん重要なのはスピーカーの選定**です。とは言っても、ある程度オーディオにくわしい方ならともかく、本書を読んで「よし。自分もオーディオ機器を買って、良い音で音楽を楽しもう!」と思っている方は、前述の方法でもなかなか**基準となる音を実感しにくい**でしょう。筆者もそこはよくわかります。

　そして、できるだけ読者の皆さんには、**基準もなしにやみくもに機器を買って、痛い思い(不要な出費)をしながら学んでいく**のは避けてほしいのです。

　ですので筆者は、いきなり予算限度いっぱいの高価なアンプとスピーカー、人によっては加えてプレーヤーまでを全部セットで買うことはお勧めしません。それが初のオーディオ機器ならなおさらです。

　代わりに、「わかっているオーディオマニア」からは、「えー……」

と非難を浴びるのを覚悟の上で、低価格の入門セットを提案します。

筆者はここで挙げるどこのメーカーからもキックバック(報酬)をもらっていませんし、「まずはこれを買え」と言い張るつもりもありません。

そもそもスマートフォンとイヤフォンしかオーディオ機器がなくて、「これが初のオーディオ機器購入」だったり、まずは「とにかく基準となるセットが欲しい」という方向けの提案です。本書の執筆にあたり、きちんと使用して音質も確認したセットです。

最初に、この合計金額10万円以下のセット(プレーヤーを除く)で耳を慣らしてもらい、また予算ができたら、そのときに本書のアドバイスを元に、より自分の好みのオーディオ機器を順次揃えるというのが、ベターだと考えます。

▶ 低価格の「スターターセット」

ひょっとしたら、最初に購入したこの10万円セットは、何年か後には「今、思えばたいしたことなかったな……」と思われるかもしれませんが、継続して使用することで、基準となる音の感覚を持てるようになるはずです。そういう「踏み台」としてのセットです。

とはいえ、より良い自分の好みの機器を揃えたら、もれなく廃棄しなければいけないものでもありません。価格は安くても、決してマルチメディアスピーカーのような、聴いていてストレスを感じる機器ではありませんから、別の部屋で使用したり、テレビにつないだり、将来、いろいろな流用もできます。

セカンドセットとしても長く使えるはずなので、興味のある方はトライしてみてください。ただ、できればスピーカーだけは、試聴の上、購入することをお勧めします。

・スピーカー
～パイオニア「S-A4SPT-PM」

　まずは、いちばん大事なスピーカーです。筆者は長年サブのオーディオ再生機器に、パイオニア「S-A4SPT-PM」を使用しています。現在でも購入できますし、うまくすれば2016年2月時点で、ペア（ステレオなので2台必要）6万円以下で購入できます。幅154mm、高さ246mm、奥行き213mmと小型で、いわゆるシステムコンポのスピーカーサイズですが、予想を上回る低音再生能力に加え、華やかなプレゼンスと高域が魅力です。音質傾向としては家庭用によくある典型的なドンシャリ型で、「ドン」つまり低域の方が強めです。ただ、筐体サイズが小型のバスレフなので、タイトな低音ではなく「ややフワッとした」低音です。

　このスピーカーはサントリーとのコラボレート商品で、ウイスキー「ピュアモルト」の製造に使う樽材を、スピーカーのエンクロージャー（筐体）に流用してみたら、普通の木材を使用したときよりずっと良い音になった、という逸話のある製品です。筆者は購入当時、都内にあったショールームで直接案内してくれた社員さんから伺いました。

　現在、パイオニアのホームオーディオ部門は、オンキヨーに売却されましたが、日本ではフォスター電機と並ぶ、自社設計のスピーカードライバを使用して、高品質な家庭用およびプロ用（プロ用はTADブランド）スピーカーを、長い間提供しているメーカーです。海外ブランドのような強い個性はありませんが、基本的なつくりがしっかりした信頼できるメーカーです。S-A4SPT-PMは、その中でも低価格ながら多くの人が実際に音を聴いて、「この音は予想外だった」と、高評価が多いスピーカーです。価格を考慮すれば「損をした」と感じることはないでしょう。

・アンプ
～Thomann「S-75mk2」

　スピーカーの次に重要なアンプです。現在、低価格なパワーアンプの定番であったAmcron（本家である米国ではCrownブランド）のDシリーズが廃版となってしまったため、探すのに苦労しましたが、1台実際に試してみて、これなら読者の皆さんが入手可能で、入門機として音質も満足できるという製品を見つけました。ドイツはThomann（http://www.thomann.de/）の「S-75mk2」です。

　Thomannといっても聞いたことがないかもしれません。プロ用なので見た目は無骨ですし、ケーブルも特殊ですが、実際に試したところ、低音の駆動能力はさすがに少し物足りないものの、低音が豊かなS-A4SPT-PMと組み合わせると、バランスの良い周波数特性を得られました。

　ただ、販路が国内では現在のところ、実質、プロケーブル（http://www.procable.jp/）という1社だけです。プロケーブルというと拒否反応を示す、通のオーディオマニアも多いと思いますが、実際に試聴して、価格としてスターターセットにふさわしいこともあり、推薦することにしました。

　プロケーブルは確かに毀誉褒貶の激しい販売店ですが、Thomann自体は、普通の海外のオーディオメーカーですから、S-75mk2について拒否反応を示す必要はないでしょう。プロケーブルもきちんと代理店業務を行っていて、1年間の保証も付きますし、必要なら、これまたケーブルメーカーの定番Neutrik端子を使用したBeldenのケーブルもつくってもらえます。

　なお、後述するAirMac ExpressとS-75mk2を直結する場合は「ステレオミニ-TS」もしくは「ステレオミニ-XLR」のケーブルを使います。

Thomann「S-75mk2」。少々無骨なので見た目にこだわる人には不向きだが、低価格なので購入しやすい。Thomannはドイツのオーディオメーカーである(実勢価格：2万5,000円前後)

背面。インプットとしてXLRとTRSの2系統が装備されている。ただし排他仕様なので、同時には使えない　　　　　　　　　　　　　　　　　　　　　　　　　　　　写真：Thomann

・プレーヤー
~PC

　プレーヤーは、ひとまずお持ちのPCをご利用ください。オーディオ出力はその際、PCの内蔵出力端子ではなく、AppleのAirMac Expressをお勧めします。理由は、わずかな追加出費(11,200円)で、PCの内蔵出力端子より、音質の向上を見込めるからです。

　PCを持っていなくても、現行のiPhone、iPad、iPod Touchがあれば、AirMac Expressを利用できます(接続方法は**第5章**で解説)。AirMac Expressを自宅のネットワークに接続するか、直

接PCと接続すれば、立派なPC用の外付けサウンドデバイスとして機能します。価格を考慮すれば立派なプレーヤーです。PCもiOSデバイスもない場合は、何らかのレガシープレーヤーをお持ちでしょうから、それをアンプに接続してください。

・ケーブル
~ Belden + Neutrik

　ケーブルですが、まずはBeldenを使用してみてください。使ってみて高域がもっと欲しければ、気になるメーカーのものを試しましょう。プレーヤーからアンプ、アンプからスピーカーも同様です。ただ、筆者は常々、何万円もするケーブルをいくつも試すくらいなら、それを元手にスピーカーやアンプを替えた方が良いと考えています。

　プレーヤーとアンプを接続するラインケーブルには、Belden 8412ケーブル（実勢価格：5,000円前後、2m、2本）、端子はNeutrikで十分です。スピーカーケーブルはBelden 8460か8470（実勢価格：600円前後、1m、2本）。どちらでも結構です。スピーカーケーブルは、必ず左右を同じ長さに揃えてください。自宅の環境で左右の長さが違う場合は、長い方に合わせます。購入後は、ニッパーという工具でケーブル両端の「皮」を20mmくらい剥き、ばらけないように、少し、こよりのようによってから、スピーカーとアンプに接続します。なお、ハンダは使用しません。

　高級ケーブルは、短いものが多いようですが、Belden + Neutrikのケーブルは、皆さんが聴いている音楽を制作しているスタジオが、平気で10mほども引っ張って使っているものです。ですから、長さをギリギリにする必要はありません。むしろ、ケーブルが宙に浮かないよう、ゆとりを持った長さにしてください。

・**スピーカースタンド**

　プロケーブルやAmazonで購入できるソルボセイン（ゴム素材の衝撃緩衝材）を、設置面とスピーカーの間にアイソレーターとして挟み込んでおけば、ひとまず机上に設置する場合は十分です。

　しかしデスクトップスピーカースタンドを購入できる余裕があるなら、米ISO AcousticsのISO-L8Rシリーズは良い選択です。スピーカーのサイズに合わせて130・155・200の3種類がラインアップされており、どれも長短2種類のパイプが用意されていて、長い（20cm強）パイプを使用すると、130の場合は23cmくらいのスタンドとして利用できます。

　底面積を必要以上に取らず、机上に設置した小型スピーカーのツイーターが、ちょうど耳の高さ付近に位置するよう設置できます。耳より少し上にツイーターが来る場合は、付属のインサートパーツを利用して、スピーカーの角度を少しだけ変えて前傾にするなどの微調整もでき、扱いやすい製品です。

　「見た目が……」という人もいますが、手ごろな価格なのにアイソレート効果が割と高く、机上に直置きする場合と比べ低域がすっきりします。吊した状態のスピーカーの鳴りに近い印象です。高域はかなりきれいな鳴り方になります。よりスムーズで嫌な感じがしなくなると言ってもいいかもしれません。実勢価格はISO-L8R130が9,500円前後、同155が1万1,000円前後、同200が1万7,000円前後と、スピーカースタンドにしてはたいへん手ごろです。

左からISO-L8R130、同155、同200　　写真：エレクトリ

▶ すでにあるオーディオ機器を利用する

もし自宅や実家に、使っていないシステムコンポなどがあれば、最初はそれを使ってみるのも一考です。初期投資をさらに抑えられます。

本格的に良い製品を検討するのは、本書で何度も書いている**好みの周波数特性カーブを知ってからで良いのです**。

それまで利用する製品は、安物のマルチメディアスピーカーや1980年代以降のラジカセでなければ良いのです。

つまり、最初はシステムコンポやミニコンポ——単品のアンプやスピーカーがあればなお良いのですが——を使い回すのが合理的です。

1970年代は、多くの家庭にシステムコンポが設置されていたので、もしこれが処分されずに残っているなら幸運です。1990年代以降には、より小型のミニコンポが登場しましたが、このプレーヤー・アンプ一体部分も使用できます。

アンプとスピーカーを持ってきて、PCまたは前述のAirMac Expressと接続しましょう。恐らくマルチメディアスピーカーより、ずっと良い音が出て驚くことでしょう。

アンプは、トランジスタ化されて以降、劇的なブレークスルーは実質ないので、壊れていなければ古いものでも問題なく利用できますし、現在の製品よりもコストをかけてしっかりつくっていたものも多いですから、スターターセットを買う前に試してみることをお勧めします。

もちろん、壊れていたり、明らかに音がおかしいようならダメですが。そのような場合は、無理に使おうとしても修理代金が高すぎたり、そもそも修理できないことも多いので、あきらめた方が良いでしょう。

▶ 接続方法

　接続方法ですが、少し昔の多入力対応コントロールアンプには「AUX（オグジャル）」入力というものがあって、アンプの背面にある「AUX」と書かれたAUX端子にプレーヤーをアナログラインケーブルで接続し、入力セレクターでAUXを選択すると音が出る仕組みになっています。

　ただ、ラインおよびスピーカーケーブルは、Western Electricなど、「古くても評価の高いケーブルだった」というのでもなければ、ひとまずBelden + Neutrikを購入しておきましょう。付属のスピーカーケーブルやラインケーブルは、Beldenほど丈夫ではないので、断線していたりする可能性もあるからです。

　また、少し昔のスピーカーは、**プレゼンスが弱い、大きな右肩下がりの音質傾向のものも多い**です。音を出してみて気に入らなければ、S-A4SPT-PMなどを購入して、スピーカーだけ取り替える、それでも気に入らなければアンプも取り替えるなど、のんびりシステムを変更していきましょう。

　さて、こうなると、もうAirMac Expressと廉価なケーブルだけ手に入れれば、後はありものでいろいろと試せます。古い機器と新しい機器を組み合わせたオーディオシステムが利用できるのです。なお、AirMac Expressをサウンドデバイスにする方法や、Mac miniの設定方法などは**第5章**をご覧ください。

▶ 部屋の音響

　無事に好みの周波数特性カーブに近いスピーカーを選べたら、まずは「おめでとう」です。きっとウキウキした気分で製品の到着を待っていることでしょう。ここは素直に喜んで良いところなのです。せっかく吟味を重ねて機器を選んで、お金を払ったのです。

まずはうんと喜びましょう。

そして機器が到着したら、少し頭を切り替えてください。次にやらなければいけないことは、機器の設置です。スターターキットを購入した場合も、スターターキットの一部を利用した場合も同じです。特にスピーカーは、その設置場所と設置方法によって、得られる周波数特性が大きく変わります。よく、アンプやプレーヤーの設置用アクセサリなどがありますが、これは本書など必要ないハイエンドの、それこそリスニングルームをお持ちのユーザーなどが試せば良い話です。注意を払うべきは、とにかくスピーカーの設置です。

しかし、その前に、スピーカーを設置する部屋の音響について考えてみましょう。部屋の音響調整(Room Acoustic Tuning)は、プロエンジニアの間でも、ここ何年もの間、重要な関心の的です。しかしながら、理想的な音響はその人の好みによっても異なりますし、聴きたい音源によっても変わります。

いちばん大事なのは音の吸収と反射のバランスです(図4-1)。すべての音を吸収して反射ゼロだと、いわゆる無響室と言われる残響がゼロの状態になります。とはいえ無響室に長時間、人がい続けるのは困難です。通常、人が住める部屋には環境ノイズもありますし、音はある程度、反射します。

部屋の音響を考えた場合、結局、長時間いることができ、オーディオ再生を楽しめることを前提とすると以下が重要です。

① 音がある程度吸収され、反射されるバランス。
② 残響が少ない。
③ 環境ノイズが少ない。
④ 振動・共振が少ない。

まず、①についてですが、大事なのはバランスです。部屋が音を吸収しすぎると味気ない音になってしまいますし、反射しすぎるとスピーカーからの音と一緒に、それが壁に反射して返ってくる音も大きすぎて、濁って聞こえる状態になってしまいます。これは「音が回る」と言われます。

　音量もとても大事です。**音量が大きければ（90dB以上など）、反射音も増えるから**です。低音の再生能力が高いスピーカーならなおさらです。この場合、反射音を抑えるため、吸音に注力します。一方、音量がそれほど大きくなければ（65〜80dB程度）、たいていの場合、反射音にそれほど気を使う必要はないでしょう。

　次に②ですが、部屋の残響というと、極端かつわかりやすい例が教会です。ご存じのとおり、大きな教会の中は、天井が高かったりして非常に残響が多いものです。ですから、合唱隊が歌うと、歌に残響が付加され、あの荘厳な雰囲気が生まれます。しかし残響が多い部屋は、**オーディオ装置を再生する環境としては問題**です。残響が付加されると、音が濁って聞こえるからです。残響は少ないに越したことはありません。

　③の環境ノイズについては先ほど述べました。エアコンのノイズはもちろん、昨今気になるノイズ源は、PCや空気清浄器などのファンノイズでしょう。空気清浄器などは消すか、静音モードで動作させればそれほど気にならないかもしれません。PCについては静音PCなどを利用するのも一考です。

　最後に④の振動・共振です。低音再生能力の高いスピーカーを床に直置きしたりすると、フローリングの床などで、低音の振動が床に伝わってしまいますし、小型スピーカーを机の上に直置きすると、机に振動が伝わってしまいます。この場合、特定周波数で共振を起こすことがあります。どの周波数かはスピーカーと設

図4-1　音の吸収と反射

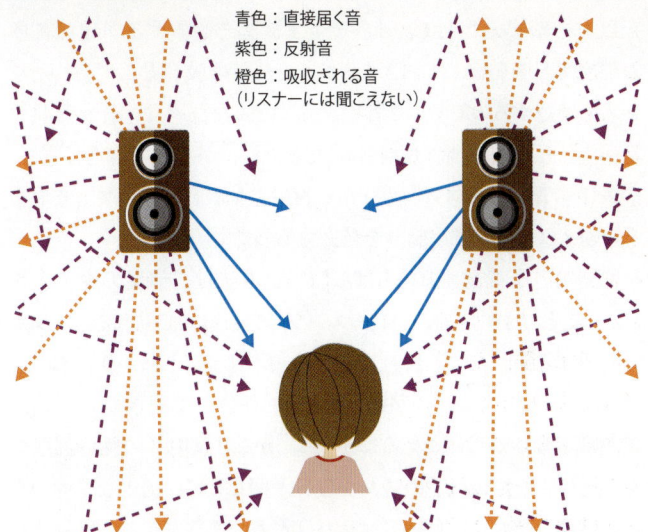

青色：直接届く音
紫色：反射音
橙色：吸収される音
　　　（リスナーには聞こえない）

音は部屋のつくりによって一定量、壁や天井、床に吸収・反射される。反射してリスナーに届く反射音は、直接スピーカーから聞こえる音より小さいがゼロではない。特に低周波の反射音はエネルギーが大きいため、聞こえ方に影響する

置場所の素材に依存するので、一概には言えません。スピーカーの設置については後ほど触れますが、ここだけは少し神経を使う必要があります。

また、ガラスや金属製の家具などは、再生音量が大きくなると共振を起こすことがあります。共振しているかどうかは、オーディオ再生しながらその家具に耳を近づければたいていわかります。曲を大きめの音で再生しながら耳を近づけて、金属やガラスの家具などが「ビリビリ」と震えているようなら対策が必要です。もし共振が生じているようなら、その家具は別の部屋に置くなどの対策をした方が良いでしょう。

▶ 部屋鳴りを確認する

 以上を踏まえた上で、オーディオ機器を設置する予定の部屋の**部屋鳴り**を確認しておきましょう。部屋の吸音と反射音のバランスを確認するのです。無響室を除くどんな部屋も、音を吸収する一方、反射します。反射音が大きいと音が室内で響きすぎて、本来の音響特性でスピーカーから再生される音が濁ってしまいます。ゆえに、まず部屋鳴りを確認するのです。

 部屋鳴りを確認するいちばん簡単な方法は、**部屋の中で手をたたくこと**です。実際、プロのエンジニアも初めて訪れたスタジオで確認する方法です。神社で柏手(かしわで)を打つようにしっかり「パン！」とたたいてください。音が鳴ったとき、注意して聴きます。もし、音が部屋全体から聞こえるようなら、かなり反射音の強い部屋です。逆に、たたいた手の辺りから音が聞こえて、何となく乾いた感じに聞こえれば、反射音はそれほど多くありません。反射音が多くなる理由はさまざまで、残念ながら1つではありません。理由として考えられるのは以下のようなものです。

① 部屋の壁の材質。
② 部屋のサイズが非常に大きい。
③ 天井が高すぎる。
④ 部屋の形状が特殊。

 この辺は、施工時の問題ですが、加えて**部屋の中に物が少ないのも反射音が増える理由**です。例えば、引っ越してきたとき、ガランとした状態で手をたたくと、たいていの部屋で結構反射します。しかし、家具などが配置されていくと置いてあるものが音を吸収してくれます。ですから、ものを置いた後で手をたたくと、

同じ部屋でもそれほど反射しなくなるのです。

ゆえに、いちばん手軽で安上がりな音響調整は**オーディオ機器以外のものを部屋に置く**ことです。オーディオルームを持っているような方は憤慨するかもしれませんが、筆者は、ひとまず本書を読んでオーディオを手軽に、でも少しでも良い音で楽しみたいという向きには、まずこれで良いと考えています。どんな形でも良いので、まずは反射音を減らすことです。

ただ1点だけ。想像できると思いますが、金属製の家具は音を反射します。逆に、木製や布製の家具は素材のお陰でたいていの場合、ほど良く音を吸音してくれます。

▶ スピーカーの設置場所と設置時の工夫

室内で柏手を打ったら、結構な反射音が返って来ました。さて困りました。やはり、吸音板の導入でしょうか? その前に少し試してほしいことがあります。なお、反射音が少なかった場合でも基本的には同じなので、いずれにしろこの知識を知っていた方が役に立ちます。

音響調整でまず重要なのは、スピーカーの設置場所です。音が空気の振動であり、実際に空気を揺らして音を再生するのがスピーカーである以上、これはあたり前です。ですから、本書ではスピーカーの設置場所にこだわります。アンプやプレーヤーの設置場所は、あくまで「スピーカーの設置がうまくいって、気に入った音が出るようになったけれど、もう少し音質を向上させたい」という場合に検討する微調整(Fine Tuning)レベルの変化しかもたらしません。

スピーカーの設置場所や設置方法は、音質に露骨に影響するので慎重に行いましょう。コツは、自分が座って聴きたい場所(リ

スニングポイント）を決めてからスピーカーを設置するのではなく、**まず音響的により良い場所にスピーカーを設置して、そこから逆算してリスニングポイントを決める**方法です。

といっても、「ここで聴きたい！」という場所もあるでしょう。スピーカーの設置場所は、ベストではなくても音響的により良い状態で再生できる場所が、たいてい何カ所かあります。そんなときは、そこに正しく設置してあげれば良いのです。

▶ スピーカーを壁にくっつけない

まず、スピーカーを壁にピッタリくっつけて設置してはいけません。**特に背面にバスレフという空気孔がある場合は絶対**です。音は、スピーカーに開けられたバスレフからも必ず漏れています。バスレフをピッタリ壁にくっつけて設置しているとバスレフがふさがれて、本来期待されている低音が出なくなったり、逆にバスレフから漏れた音の壁への反射がよりダイレクトになり、反射した音がスピーカードライバから再生される音と良くない感じで混ざります。すると、本来のスピーカーが意図していない音質変化が生じ、その音がリスナーの耳に届いてしまいます。

この変化はたいていの場合、悪い方向への音質変化につながります（100％ではないですが）。反射音の大きい部屋ではなおさらです。ですから、スピーカーの背面は壁から離すのが鉄則です。スピーカーのサイズにもよりますが、反射音の少ない部屋なら、20〜30cm くらい離せば十分でしょう。一方、反射の多い部屋では、なるべく壁から離すことをお勧めします。

経験的に、反射がきわめて大きい部屋は、前述のとおり、大体大きな部屋で天井が高く、物が少ない部屋です。このような場合は、部屋も大きいわけですから、最低でも壁から1m以上離す

ことをお勧めします。

さて、設置する場所が決まったら、そこに設置するわけですが、方法はいくつかあります。

① 床に設置する。(トールボーイ型スピーカー)
② スピーカースタンドを使う。(ブックシェルフ型スピーカー)
③ 机の上などに配置する。(ブックシェルフ型スピーカー)

特に強調しておきたいのは、床や机の上にスピーカーを直置きしないことです。直置きは設置した場所にダイレクトにスピーカーの振動が伝わり、最悪の場合は床が共鳴します。床の振動は想像以上に階下に伝わるので、マンションの場合、騒音問題にもなりかねません。

そこでアイソレーター (isolator) の出番です。要はスピーカーと設置場所の間にアイソレーターを噛ませて浮いた状態にし、設置場所に直接振動が伝わらないようにするものです。

ご存じの人も多いでしょうが、本当にたくさんの種類のアイソレーターが販売されています。ここに関して、筆者が用意する選択肢に縛られる必要はありませんが、ここでは2種類ほど紹介しておきましょう。

筆者のお勧めはソルボセインです。ゴム素材の衝撃緩衝材の一種で、縦方向の衝撃を横方向に逃がす作用があるそうです。お勧めの理由は、比較的安価でスピーカーの振動を相当なレベルで抑えてくれる上、金属製ではないので共振を起こす可能性も低いからです。ちなみに筆者宅では、サブウーファーを人工大理石板の上に置いても床が振動で共振して震えるので、人工大理石板とサブウーファーの間にソルボセインを噛ませたところ、まったく

共振しなくなりました。

　しかしながら「ソルボセインを噛ませると、味気ない」という方もいます。そういう方は金属製のアイソレーターを見繕ってください。振動対策を重視するなら、三角柱型の製品がお勧めです。点で支えるため、伝わる振動が極小だからです。なお、何も敷かずにこのタイプを床に置くと、もちろん床に穴が開きますので、アイソレーターを受ける金属のお皿のようなアイソレーター受けも必要になります。この辺は好みで選んでください。

　音質を考慮した場合、「3点で支えるのがいいか、4点で支えるのがいいか」迷う方もおられますが、正直この辺に正解はありません。個人的にはソルボセインを3点設置して、振動や共振が生じておらず、音質も特に気にならないようならそれで良いと思います（図4-2）。

▶ スピーカーと設置面①〜床に直接設置する

　トールボーイ型スピーカーは、床に設置するのが前提の大型ス

図4-2　3点支持と4点支持

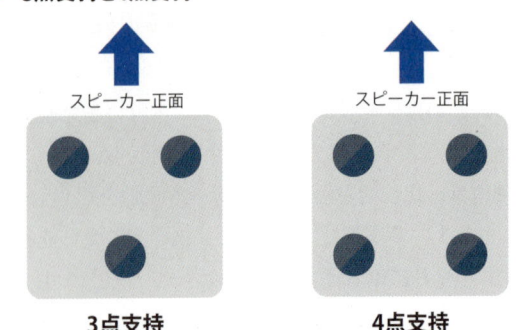

スピーカー正面	スピーカー正面
3点支持	4点支持

3点支持の場合は、スピーカーの正面スピーカードライバ側にアイソレーターを2点設置する

ピーカーですが、**第1章**で述べたとおり、アイソレーターなしで、直接床に設置すると、たいていの場合、床に振動が伝わって、良好な音質を得にくくなります。そこで、アイソレーターをスピーカーの底面と床面の間に挟んで設置します（**図4-3**）。もちろん、トールボーイのような底面積が小さめで背の高いスピーカーにソルボセインのようなゴム製品を使用するのは不安定で、転倒の恐れがありますので避けてください。

アイソレーターの主な目的は、基本的にスピーカーをアイソレート、つまり床から浮いた状態に近くして、床面に振動が伝わるのを最低限に防ぎ、不要な振動で音質に影響を与えるのを防いで、本来のスピーカーの音だけを楽しめるようにすることです（中には異なる目的の製品もあるかもしれませんが）。

図4-3　床や机に振動が伝わる

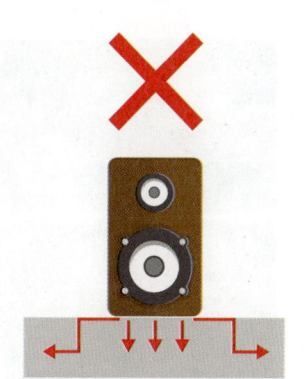

スピーカーを床や机に直置きすると、接地面にスピーカーの振動が直接伝わり、床や机自体の振動を生む。マンションなどでは階下に騒音が伝わることもあり、床や机が共振してしまうと音響的にも良くない

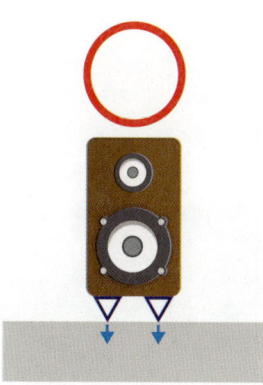

アイソレーターを噛ませて、床や机との接地面を最小にすることで、伝わる振動を、気にならない程度にまで抑え込める（ゼロにはならなくても）。騒音が軽減できて、音響的にも好ましい

スピーカーに、スパイク（先端の鋭い金属製のアイソレーター）が付属していれば、まずそれを使ってみましょう。スパイクを受ける**スパイク受け**が付属しない場合は、別途購入します。フローリングや畳の床の場合、スパイク受けを使わないと、床にスパイクやアイソレーターがめり込んでしまいます。スパイク受けは、これを防ぐために、スパイクの下に「敷く」パーツです。こういうものを挟んで床が傷むのを防ぎつつ、床への振動をさらに防ぎます。どのメーカーも音質向上をうたいますが、スパイク受けの場合はどちらかというと、こういった床面の保護の意味合いの方が大きいようです。

なお、このことは、100％該当するわけではなく、製品によって、または部屋や床の材質によっては、直置きした方が良い場合もあります。ただ、マンション住まいなどで、「床への振動は困

ソルボセインのアイソレーター。ソルボセインは衝撃を吸収したり、圧力を分散させたりする力に優れる。写真はプロケーブルが取り扱う縦横3cm、厚さ1cmのもの（実勢価格：900円前後）　　　　　　　　　　　　写真：プロケーブル

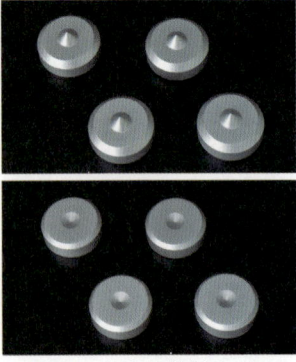

スパイクとスパイク受けで構成するアイソレーター。スパイクで接地面積を極力減らす。ただし、木の床などではスパイク受けがないと穴が開いてしまうので注意してほしい（実勢価格：スパイク3個入り5,100円前後、受け皿3個入り4,200円前後）　　　写真：ティグロン

る」という大半の人は、音質以前にまず近隣とのトラブルを招かないよう、アイソレーターを噛ませるべきです。音質面と環境面の両方の改善を期待できるので、アイソレーターを導入しない理由はありません。

スパイク受けを使用する以外では、**オーディオボード**や**人工大理石ボード**を挟むという方法もあります。木製のオーディオボードは、フローリングと同じ理由でスパイクを受けるのには向きませんが、人工大理石などの硬いボードなら、スパイクの先端で傷つきにくいので、使用できます。「スパイク受けだけだとまだ床に響く」場合にもお勧めです。

こういうアクセサリの使用方法に、明確なルールはほとんどありません。「何をしたいのか」が重要です。振動を減らしたいのに、十分振動が減らない場合、複数のアクセサリを組み合わせても構

スパイクとスパイク受けを使用してスピーカーを設置したもの。写真は筆者宅のブックシェルフ型スピーカーとの組み合わせ

わないのです。大事なのは、設置後、必ず音質をリファレンス楽曲で確認し、音質に悪影響がない──つまり自分の好みの音質からずれていないことを確認することです。

「どれが良いの？」という問いには、「まずは手軽な価格のものを購入しましょう」とお答えします。繰り返し述べているとおり、アクセサリはアクセサリでしかありません。最初から何万円もするアイソレーターを購入することはお勧めしません。まず、床からアイソレートするだけでも十分意味があります。高価なアイソレーターを買うまでスピーカーを床に直置きするくらいなら、まず廉価なものを購入して、とにかくアイソレートしましょう。

また、リファレンス楽曲を再生し、音質が気に入らなければ、音質変化が違う方向に取り替えていく、だんだんグレードアップ方式をお勧めします。高音が強調されるアイソレーターもあれば、高音を抑えるアイソレーターもあります。高域が出すぎなら「低音が豊かになる」とうたった製品、低域が出すぎなら「高域が豊かになる」とうたった製品に、順次交換するということです。

どのようなアイソレーターであっても言えることですが、振動のチェックも重要です。

音を少し大きめに出しても良いときは、特に音程のある楽器がたくさん入ったリファレンス楽曲を大きめの音で再生して、床が振動するかどうか試します。

もし「まだ床が振動する……」のであれば、今度は人工大理石ボードの追加を検討してみましょう。スピーカーの下には人工大理石ボードのみ、という選択肢も考えられます。試すしかないのが難点ですが、もし、同じサイズ、同じ厚みの人工大理石ボードが2枚あるならお試しください。ただし、違うサイズ、または違う厚みのボードを左右のスピーカーに使うと左右の音質が変わっ

てしまうのでお勧めできません。スピーカーには左右共に同じアクセサリを使うことが重要です。

▶ スピーカーと設置面②～スピーカースタンドに設置する

さて、ブックシェルフ型スピーカー(デスクトップ型スピーカー)ですが、いちばん良いのは、やはりスピーカースタンドを購入して、そこに設置することです。まず、スピーカースタンドを通して床からアイソレートできるのと、極端に安い製品でもない限りスピーカーの駆動を邪魔しないよう設計されているからです。耳の高さにスピーカーを設置できることも大きいです。スピーカースタンドは、軽いと共振しやすいので、基本的には「重いものが良い」とされています。

なお、ブックシェルフ型スピーカーを床置きするのはお勧めできません。トールボーイ型が、そう設計されているのと同じく、**ブックシェルフ型スピーカーもツイーターが耳の高さに来るよう設置することが前提**だからです。よってツイーターの位置は高すぎでも低すぎてもダメで、耳の高さに近いところに来るよう高さを調整するのが理想です。たいていの場合、ソファに座ったとき、ちょうどスピーカーのツイーターが耳の高さに来るサイズのスピーカースタンドが用意されているので、適切な高さのものを選びます。手順ですが、リスニング時の椅子に座って、自分の耳の高さを計測し、その値から「スピーカーの底面からツイーターまでの高さ」を引いた値が、スピーカースタンドの高さです。たいてい60～80cmに収まるので、いちばん近い高さのスタンドを選びましょう。この辺りは、ご自身の環境に合わせた高さを選べば問題ありません。

なお、オフィスチェアの高さに座る場合は、100cmオーバーの

スタンドが良いでしょう。例えば、ACOUSTIC REVIVE（http://www.acoustic-revive.com/）の「YSS-110HQ」（実勢価格：5万5,000円前後、ペア）は高さ110cmです。探せば他にもあります。

本書の執筆にあたっては、TiGLON（http://www.tiglon.jp/）のスピーカースタンド「MGT-60W」（実勢価格：7万4,000円前後、ペア）をお借りしてスピーカーチェックを行いましたが、「良い意味でスピーカーの再生を邪魔しない、良いスピーカースタンド」という印象でした。これは、本書としてはむしろ好ましい結果です。妙に低音が強くなったり、高音が強くなったりすると、せっかく好みの周波数特性カーブに近い製品を購入したのに、最悪の場合、そのカーブがスピーカースタンドによって変わってしまい、好みとかけ離れてしまうからです。

TiGLONのMGT-60Wは、妙に特定周波数が強調される感じはなく、いかにも「音響調整しました」というような感じはありませんでした。スパイク（アイソレーター）も付属しています。安くはありませんが、極端に高くもないので、ACOUSTIC REVIVEおよびTiGLONの製品は検討に値します。

最近のスピーカースタンドは、スピーカースタンドの底面に取り付ける専用のアイソレーターが付属しているのが一般的ですが（鋭利な形状なのでスパイクと呼ばれることが多い）、付属していなければ自分でアイソレーターを用意しましょう。残念ながら、**スタンドが振動をすべて吸収してくれるわけではない**からです。トールボーイ型と同様に、スピーカースタンドの底面もアイソレートする方が、振動対策として好ましいです。ただ、日本は地震国なので、トールボーイ型同様、スピーカースタンド底面のアイソレートにソルボセインのようなゴム素材を使用するのはお勧めしません。地震で揺れたとき、簡単に転倒してしまうからです。

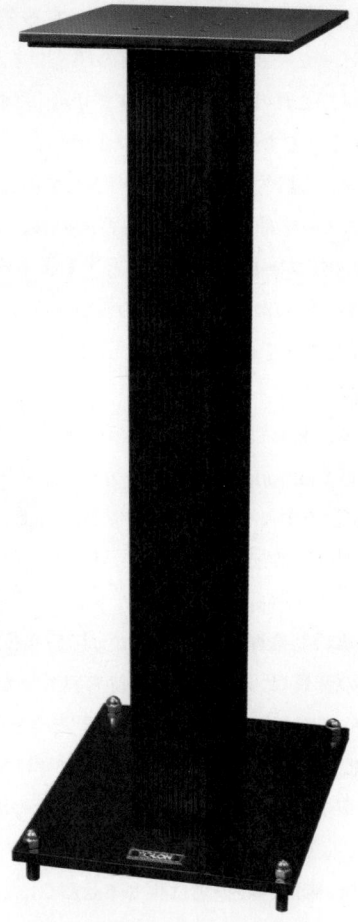

TiGLONのスピーカースタンド「MGT-60W」

▶ スピーカーとスピーカースタンドの間はどうする？

　スピーカーとスピーカースタンドの天板の間をアイソレートすべきかどうかですが、これは試すしかありません（**図4-4**）。スピーカーのサイズにもよりますが、こちらはソルボセインでも問題ないでしょう。大切なのは、まずアイソレートしてみることです。しばらくリファレンスの楽曲を再生したら、その後、アイソレーターを外した状態でリファレンス楽曲を再生します。聴き比べた後、アイソレーターを入れた方が好みの音質であれば、ひとまずそれでリスニングして、それでも不満があればアイソレーターの変更を検討しましょう。

　今回のテストでは、おもしろいことも起きました。テストに使用したB&Wの「805 Diamond」は、スピーカースタンドとの間（スタンドの天板上）にソルボセインを噛ませても、噛ませなくても、極端な音質の差は生じなかったのに対し、ME-100は結構な勢いで音質が変わりました。具体的には、アイソレートしたことにより**低音が抜けてしまい音質傾向が右肩上がりに感じられるようになった**のです。この音質は、筆者には気持ち良くなかったので、ソルボセインを外してみたところ、低音が若干強くなり、それ以上にプレゼンスのピークが抑えられ、落ち着いた音になりました。音が恐らくスタンドにしっかり伝わるようになったのが、良い効果をもたらしたのでしょう。床面とスタンドはスパイクでアイソレートされているので、床面への振動は生じませんでした。

　とはいえ、これはあくまで今回の結果であり、皆さんの環境とスピーカー次第では、アイソレートした結果、好みの音質になることも当然あります。ですから、試すしかないのです。

　部屋、スピーカー、スピーカースタンドの組み合わせは、数多く考えられます。組み合わせの結果、どのような音質になるのか

は一概に言えません。よって、まず好みの音質(周波数特性カーブ)の機器を選び、気になるところはアクセサリを使用して補正する、というのが近道なのです。スピーカーとスタンドの間にアイソレーターを入れるかどうかは、まさに試すしかないのです。ぜひ、アイソレーターの有無を聴き比べて、音質が変わるか変わらないか、変わるなら好みの方向に変わるのか、好みではない方向に変わるのかを楽しみながら確認してください。

図4-4　スピーカースタンドの床面と天板へのアイソレーター導入

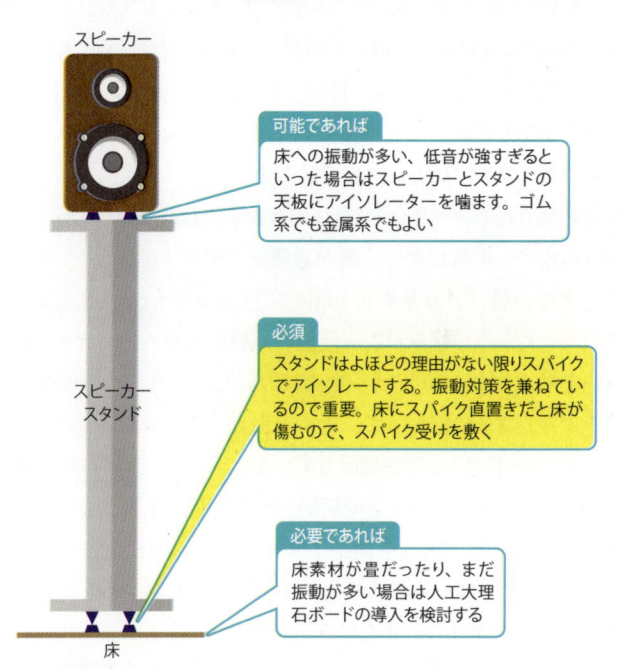

可能であれば
床への振動が多い、低音が強すぎるといった場合はスピーカーとスタンドの天板にアイソレーターを噛ます。ゴム系でも金属系でもよい

必須
スタンドはよほどの理由がない限りスパイクでアイソレートする。振動対策を兼ねているので重要。床にスパイク直置きだと床が傷むので、スパイク受けを敷く

必要であれば
床素材が畳だったり、まだ振動が多い場合は人工大理石ボードの導入を検討する

▶ スピーカーと設置面③〜机の上に設置する

　スターターキットとして推奨しているパイオニア「S-A4SPT-PM」のような小型ブックシェルフ型スピーカーの良いところは、机上に置いてもそれほど邪魔にならないことです。ブックシェルフ(本棚)スピーカーと呼ばれる所以です。

　とはいえ、実際に本棚に置いてしまうと前述のとおり、壁面に接触する場合がほとんどでしょう。ですから、本当に本棚に設置することは、本棚と壁面に20〜30cmの隙間があり、かつ本棚の棚素材が非常にしっかりしているという、きわめて限定された条件以外ではお勧めできません。

　しかし「スタンドを使わず、小型のブックシェルフ型スピーカーを設置したい」という気持ちは筆者にもわかります。「出窓の奥行きに余裕があるので、出窓に設置したい」という方もいるでしょう。このような場合は、床面に直接設置するトールボーイ型スピーカーと同じように、机上に直接設置します。

　この場合注意すべきは(これまた100%ではないのですが)、たいていの場合、振動に加え、音が設置面で響きすぎるという現象です。木製の机は、原木を切り出して厚みが何十cmもあるような机ならともかく、厚みが3cm前後の一般的な机だと、アイソレーターを噛まさずにスピーカーを直接設置した場合、机の天板に振動がダイレクトに伝わって、机の底面が大型のスピーカーエンクロージャー(筐体)として機能してしまい、不要かつ不自然な低音が再生されます。オフィスで用いられる樹脂や金属でできた机も同様です。また、出窓も同様です。机の高さの出窓でも、実は床までつながっている場合があります。この場合、天板の下で共振が発生し、望まない不必要な低音が生じてしまいます。

　もちろん、その音が望ましい音であれば、そのまま躊躇せず直

接設置すれば良いのですが、「マンションなので階下への振動が気になる」「低音が共振して不愉快な音質になる」「低音が強すぎる」などの場合は、やはりアイソレーターを挟み込むのがお勧めです。低音が出すぎるようであれば、ソルボセインを挟み込むことで廉価かつ確実に振動を吸収できます。よほど大型のスピーカーを、相当なボリュームで再生しない限り、ソルボセインでアイソレートするだけで十分です。もっとも、ブックシェルフ型かつ大型のスピーカーを、机上や出窓に設置したい方は少ないでしょう。万が一そのような場合でも、まずソルボセインを挟み込んで、ようすを見てください。前述のISO Acousticsのスタンドも良い選択肢です。

逆に「低音が弱くなって好みではない」という場合は、小型のオーディオボードを導入するのも一考です。木製のアイソレーターは、ソルボセインより良くも悪くも設置面積が増えますが、その分、低音の増加を期待できます。まずは、リファレンス楽曲を再生してみて、どの帯域が強すぎるか、または弱すぎるかを確認してみましょう。

▶ オーディオアクセサリを用いた音響調整

近年は、オーディオアクセサリブームといってよいほど、各種媒体で取り上げられるようになり、ケーブルからアイソレーター、スタンド、オーディオ機器の下に挟むオーディオボードまで、さまざまな製品が販売されています。

その中で「誤解を招くなぁ……」と思うのは、ほとんどの製品のカタログに「このオーディオアクセサリは音質を向上させます」などと書かれている点です。確かに嘘ではないですが、100％正しくもありません。言い換えると、**製品を売るために、ポジティ**

ブな面を強調したセールストークとも言えます。では、音質が向上しないなら、何なのでしょうか？

音質は、向上するとは限らず変化します。禅問答みたいでしょうか？　要は必ずしも音質は向上するだけではないということです。組み合わせによっては、逆に音質が劣化したように聞こえる場合もあります。オーディオ機器は、どんな部屋でも同じ音がするわけではありません。聞こえる音は設置場所によっても結構変化します。筆者の理解では、アクセサリを替えると、スピーカーを変えるのにはほど遠いものの、微妙な変化が生じます。特に周波数特性に影響を与えます。

ですから、アクセサリを替えて調整するのではなく、微調整（Fine Tuning）して、より好みの音質に補正したり、共振などの環境的な問題を減らすのに使用するのが、オーディオアクセサリの意味を理解した1つの方法でしょう。この考えに沿っていくと、いろいろ見えてきます。

Belden + Neutrikのケーブルは、世界中の音楽制作スタジオで定番なので、これを基準に「主に高音が足りない」と感じたら、価格帯が上の高級ケーブルに替えてみます。すると、たいていの場合、高域というかプレゼンスの帯域が少々強調されます。現在のシステムで高域が足りないと感じたら、ケーブルを替えて補正するという考え方です。高級オーディオケーブルは、筆者が試した限り、音質を向上させるものではなく変化させるものです。この変化が、自分のオーディオ機器に良い変化をもたらすなら変更すべきですし、良くなければBelden + Neutrikから変更する必要はありません。

逆に、高音がやや強すぎるのに高級オーディオケーブルを使用すると、もっと高音が強調されてしまう可能性があるわけです。

この場合、あくまで結果は単なる変化ですが、リスナーにとっては、好みと逆の音質になってしまったわけで、主観的には劣化と呼んでも差し支えない残念な結果です。

スピーカースタンドも重要なアクセサリです。スタンドを使用することで、音質的にもスピーカーを正しい高さに設置でき、共振を防ぎ、スピーカーの本来あるべき音で再生することが期待できます。スピーカースタンドを使わないスピーカーの設置は、難易度が上がります。

アイソレーターやオーディオボードも、音質に悪影響を与える床や部屋の共振を防ぐ、環境面に配慮するという意味では必須です。ただ、歴史が浅いせいかド定番と呼べるものは少ないので、比較的廉価なものからスタートすると良いでしょう。

オーディオアクセサリは、あくまで音響の微調整を目的として使用するものです。これを替えたからといって、機器自体を替えたときのような劇的な変化は生じないこと、いくつかのアクセサリは環境、主に振動や共振対策のため必須であることを、ぜひ覚えておいてください。

▶ リスニングポイントを決める

スピーカーが室内に設置されたら、リスニングポイントを決めましょう。もちろん、「絶対にリスニングポイントで聴きなさい」という話ではありません。ただ、「本気で音楽を楽しみたい場合、ここに座るのがベスト」という場所を決めておくのは大切です。

リスニングポイントは、できればリスニングポイントから左右30°くらいの角度で、リスナーを頂点に左右のスピーカーで二等辺三角形を描くのが理想的です。左右のスピーカーの距離があまりに遠いと、左右の音のつながりが悪くなってしまいますし、等

距離にしないと音質を劣化させるくらいの位相ずれが生じてしまいます。なお、スピーカーの向きですが、図4-5のように左右ともリスナー側を向いているのが一般的です。

また、スピーカーとリスニングポイントの間に大きな障害物が存在しないことも重要です。そして**スピーカーの高さは必ず揃えるように**してください。また、左右のスピーカーは、できれば1m以上離してください。スピーカーの向きはケースバイケースで、通常はスピーカードライバがリスナーの方向を向いているのが良いとされます。ただ、音がきついと感じたり、クリアすぎると感じたら、別案のように配置するのも手です。

前述のとおり、スタンドを工夫して**スピーカーのツイーターが耳の高さになるようにする**のも重要です(図4-6)。これを怠ると、「ステレオ感が得られない」「クリアに聞こえない」など、音質を劣化させるさまざまな問題が生じます。ツイーターが、リスニングポイントの耳の高さに近い高さに来るよう設置することが重要です(イスの高さは問題ではありません)。これを怠って「良い音がしない」と言っている方も結構多いので注意しましょう。

反射音の多い部屋の場合は、スピーカーもリスナーも、なるべく**部屋の中央**に位置すると、反射音の影響を受けにくくなります(図4-7)。また、反射音の多い部屋はたいてい大きな部屋ですが、あまりスピーカーから離れず、あまり大きなボリュームで再生しなければ、反射音の影響を受けにくくなります。

何となく「反射音が大きいなら、それに勝る音量で再生すれば良いのではないか」と思うかもしれませんが、それは正しくありません。反射音の大きな部屋で大音量を再生すると、反射音はさらに大きくなり、低音がより反射して、音の輪郭がはっきりしなくなります。せっかく購入したスピーカーの性能をできる限り発

図4-5 ステレオ感を維持するためのスピーカー設置

基本形

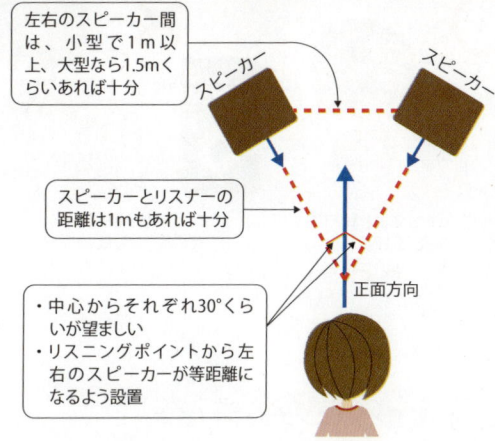

- 左右のスピーカー間は、小型で1m以上、大型なら1.5mくらいあれば十分
- スピーカーとリスナーの距離は1mもあれば十分
- 中心からそれぞれ30°くらいが望ましい
- リスニングポイントから左右のスピーカーが等距離になるよう設置

正面方向

リスニングポイント

別案

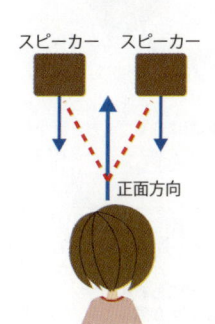

正面方向

スピーカーが外向きはNGだが、「高域がきつい」などの場合には平行にするのも試す価値あり

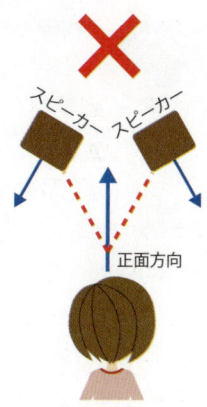

×

正面方向

スピーカーが外側を向くのは音のエネルギーが逃げてしまうのでよくない

図4-6　スピーカーの高さ

スピーカーのツイーターと耳の高さが同じ、または耳よりツイーターが少し高いくらいが適切なスピーカーの高さ

スピーカーのツイーターが耳の高さより低いのはNG

図4-7　スピーカー設置とリスニングポイント（基本）

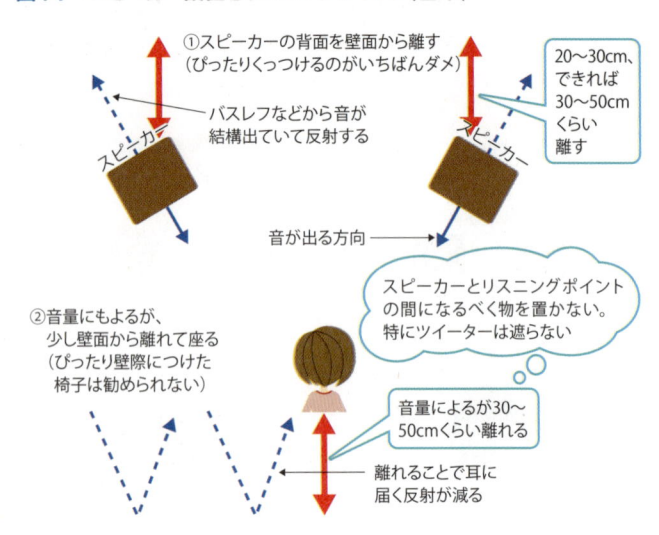

①スピーカーの背面を壁面から離す
（ぴったりくっつけるのがいちばんダメ）

バスレフなどから音が結構出ていて反射する

20〜30cm、できれば30〜50cmくらい離す

音が出る方向

スピーカーとリスニングポイントの間になるべく物を置かない。特にツイーターは遮らない

②音量にもよるが、少し壁面から離れて座る
（ぴったり壁際につけた椅子は勧められない）

音量によるが30〜50cmくらい離れる

離れることで耳に届く反射が減る

揮させたいのであればお勧めしません。

▶ 反射音の多い部屋での最初の音響調整

部屋が極端にユニークな形状をしていなければ、すごく頑張らなくても、音を落ち着かせることは可能です。ここでは少しだけ、どういう風に反射を減らすかについて述べてみます。

前述したとおり、部屋にある程度の物があれば、自然にそれらが音を吸収してくれるので反射音を抑えられます。しかし、広くて天井が高い部屋だと、それだけではどうしようもありません。または、そもそも、そんなに物を置けない場合はどうしたら良いのでしょうか？

まず、**スピーカーを広い部屋の壁面に近づけない**ことです。特に背面をなるべく壁面から離すのが重要です。これはスピーカーが大型になるほど顕著です。筆者も駆け出しのころ、スピーカーを壁面からあまり離さず設置したことで音が濁ってしまい、レイアウトをすべてやり直した苦い経験があります。

また、スピーカーの背面の壁面や天井に**吸音材を貼る**という手もあります（図4-8、図4-9）。意外と天井は効果があるようです。家庭用の吸音材は見栄えも重視するので、たいへん高価なものが多いのですが、プロ用には廉価なものも結構あります。見た目の高級感を重視するのでなければ、SONEX（http://www.sonex-online.com/）などの廉価な吸音材を購入して、両面テープなどで貼り付けるのも良いアイデアです。

しかし、本当にワンワン響く部屋なら別ですが、そうでないなら必ずしも吸音材を買わねばならないわけではありません。吸音材を買う前に、大きな布を吸音材代わりに使用してみるのも一考です。効果がない場合もあるので、あくまで吸音材を買う前の

お試しですが、実際に布をうまく使って、自然に吸音しているスタジオもあるので、悪手ではありません。

　吸音材と同様に、厚手の布をスピーカー背面にある壁に吊したり、薄手でも良いので天井から布を吊してみてください。音楽を聴くときは部屋の窓のカーテンを閉めるのも意外に効果的です。ガラス素材は音をガンガン反射しますし、ガラス窓が共振することもよくあるからです。

　また、スピーカーの対面方向、つまりリスニングポイントの背後を吸音するのも良いと言われています。部屋が立方体の場合は**部屋の角を吸音すると良い**とも言われています。もちろん、スピーカーは床からアイソレートし、共振を抑えます。

　ただ、あまり吸音しすぎると「リスニング環境としていま一つ……」ということになってしまうので注意です。吸音材は、高域と低域を吸音することが多いので、やりすぎると低音と高音がなくなった、味気ない音質になってしまうことがあるのです。ここまでやってダメなら吸音材の導入を検討しましょう。

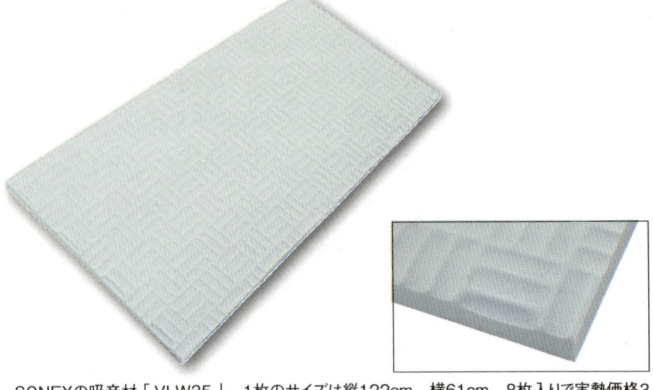

SONEXの吸音材「VLW35」。1枚のサイズは縦122cm、横61cm。8枚入りで実勢価格3万1,000円前後

写真：サウンドハウス

図4-8 吸音材または布を設置して吸音

① リスニング時はカーテンを閉める。吸音カーテンだとさらに反射が減る

バスレフなどから結構出ている

② 背面から出る不要な音を吸音する

スピーカー　スピーカー

音が出る方向

天井が高い場合、布を複数用意し、それぞれ四隅を天井に留めて、中央を垂らす。これにより吸音に加え、高すぎる天井を音響的に少し低くすることもできる。工夫すればインテリアとして見せることも可能。

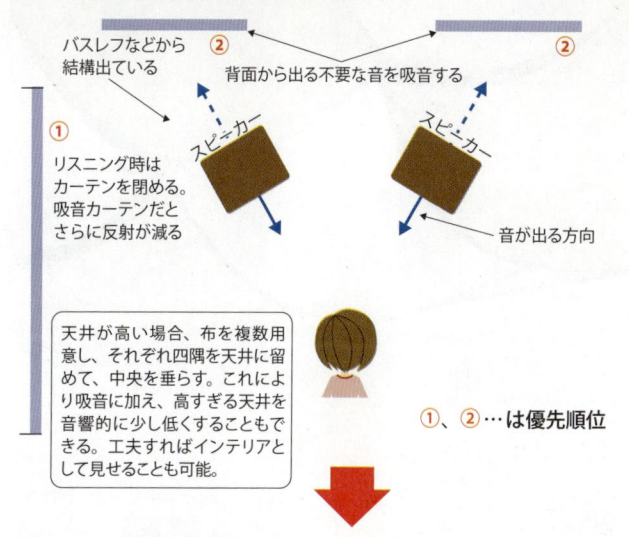

①、②…は優先順位

図4-9 さらに布や吸音材を追加して反射音を吸音

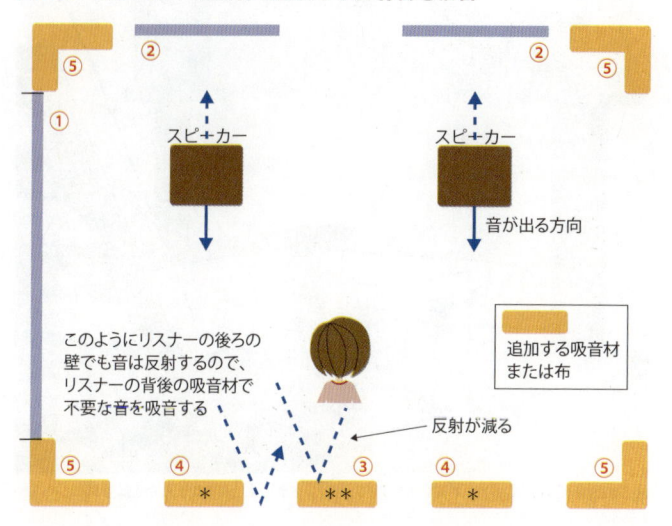

⑤ ② ② ⑤
①
スピーカー　スピーカー

音が出る方向

追加する吸音材または布

このようにリスナーの後ろの壁でも音は反射するので、リスナーの背後の吸音材で不要な音を吸音する

反射が減る

⑤ ④ ③ ④ ⑤
  * ** *

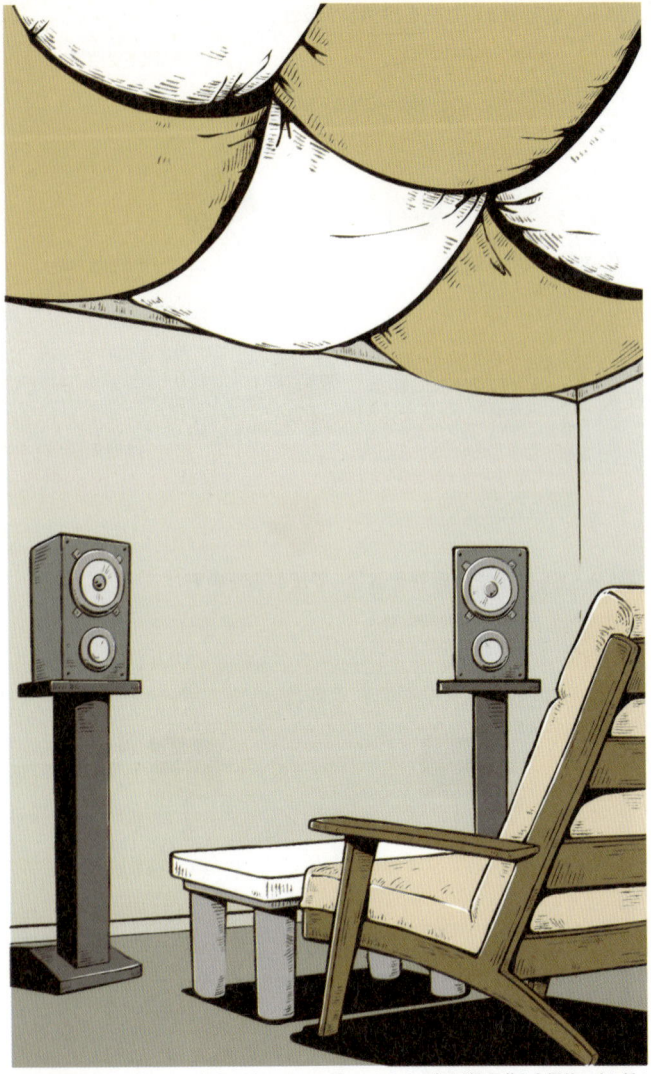

布の四隅を天井に留めて、中央を垂らすイメージ。これにより高すぎる天井を音響的に少し低くすることもできる

Chapter **5**

Mac mini を
プレーヤーにする

この章では、第4章でお勧めした機器の中で、実際に Apple の「Mac mini」を例として、PC、アンプ、スピーカーの接続について述べます。同じく Apple の「AirMac Express」をはじめとするサウンドデバイスとの接続、無線接続、有線接続によるオーディオシステム構築の実例を紹介します。

専用プレーヤーとして扱いやすいMac mini

　まず、何度でも書きますが、本書でレガシープレーヤーとひとくくりにしているアナログレコードプレーヤーや光学プレーヤーは、決して**レガシー＝古くてダメなものではありません**。恐らくすべての音源は、かつてアナログレコードプレーヤー、現在はCDプレーヤーで再生されることを1つの基準としているので、良いレガシープレーヤーで再生すれば、当然、**良い音で再生**できます。筆者宅にも、相変わらず両方が設置されています。

　一方、音源をすべてライブラリ化、つまりデータ化して、PCをプレーヤーにした再生システムは、現代的なニーズ（というか、日常生活の速度）に合っているとも言えます。例えば、大量の音源を一元管理して、求めるアルバムをサッと取り出し、さまざまな装置に出力できれば、利便性の観点から考えても、意味があるのは間違いありません。

　そもそも、アナログレコードプレーヤーからCDプレーヤーに移行したとき、多くのオーディオファンの見解は「音質はアナログレコードプレーヤーの方がまだ良いけれど、利便性はCDプレーヤーの方が高い」というものでした。現在、アナログレコードプレーヤーは復活の兆しはあれど、ご存じのとおりCDプレーヤーを凌駕するにはいたりません。

　筆者も、レガシープレーヤーで聴く良さは十分に理解しています。それでも、日常生活の中で音楽を聴き続けるにあたり、やはりPCで音源を一元管理し、プレーヤーとして使用する利便性を優先することがほとんどです。また、筆者がそうであるように、その利便性を認めつつ、「そうは言っても、できるだけ良い音で聴

きたい」と考える方は多いでしょう。

本書の最大の目的は、**第1章と第2章**で述べたとおり、「良い音を得るには、まず良いスピーカーを選び、その音質に合ったアンプを選ぶ必要がある。そのとき、自分好みのスピーカーの周波数特性(周波数特性カーブ)が、どういうタイプか知っておくことが重要である」ことを理解してもらうことです。**第3章**以降では、リファレンス曲を選び、好みの周波数特性を見つける手順や、機器の設置方法、アクセサリの扱い方などについて説明しました。

そして、この**第5章**では、PCをプレーヤーとした「利便性が高く、音質もまずまず」という「決して最高とまでは言わないが、少ない予算をやりくりして、少しでも良い音、つまり自分の好みの音を再生してくれるオーディオ再生機器を手に入れたい」人に、1つの実例を示し、「どういうシステムを組めば、何ができるか？」を知ってもらいたいと考えています。

▶ Mac miniの良いところとは？

ということで、実際に1つシステムを組んでみましょう。とはいえ、複雑で、いじり回して楽しいのはPCのギーク(深い知識を持つ人)だけというようなシステムの構築ではなく、Appleの「Mac mini」(http://www.apple.com/jp/mac-mini/)と、「Appleエコシステム」と言われる統合環境を用いた、「音楽は楽しみたいが、PCに煩わされるのはイヤ」という方向けのシステムを提案します。

PCとしてのMacは、好き嫌いがあるでしょうが、**専用のプレーヤー**として考えた場合、その扱いやすさ、ストレスの少なさはWindowsなどと比べて有利です。特にセキュリティアップデートやデータのバックアップといった、「大事だけど煩わされたくない」ことの処理は圧倒的にMacが楽です。

また、「メーカーが変わるといろいろ設定が変わる」こともありませんし、音関連の設定も長年変わっていませんので、OSアップデートによる音質変化は最小限です。

Macの中でもMac miniを選ぶ理由は単純です。「いちばん安くて、家庭での設置が楽」だからです。Mac miniは、昨今のドル高／円安傾向もあり、以前より割高になりましたが、たいていのWindows PCより小型で廉価です。もちろん、古いMac miniやMacBookをお持ちであれば、ほとんどそのまま、本書の内容を流用することもできます。

重ねて強調しますが、これはレガシープレーヤーの代わりにPCを専用プレーヤーとして新規に購入する際のガイドです。すでにお持ちのPCをオーディオプレーヤーとして利用するガイドでも、現在メインで使用しているPCをオーディオプレーヤーとしても使用できるようにするガイドでもありません。

できるだけ廉価に、PCのギークでなくても比較的簡単に、PCベースの専用オーディオプレーヤーを利用できるようになることが目的です。その分、一度設定すれば基本的に長期間使用できますし、ストレスも少ないはずです。PCをプレーヤーとして使用することに興味のある方は、ぜひご覧ください。

Mac miniを選ぶ利点の1つは、「望むならディスプレイなしで使用できる」点でしょう。例えば、通常はiOSやAndroidデバイスでライブラリを呼び出して再生し、ディスプレイは接続せず、必要な場合のみテレビにHDMI接続するということが可能です。また、リモートコントロールソフトをインストールして、別のPCやタブレットからリモート接続し、ソフトウェアアップデートなどを行うこともできます。この辺は、後でくわしく見ていきましょう。

なお、Mac miniのグレードは、最下位機種で構いません。メモ

CHAPTER 5 | Mac miniをプレーヤーにする

Mac mini。専用オーディオプレーヤーとして考えるととても便利。設定のしやすさや安定性においても優れている（実勢価格：5万9,000円前後。CPU：1.4GHz、メモリ：4GB、HDD：500GB）
写真：Apple

リも4GB以上あれば、今のところ大丈夫です。予算に余裕があり、CPUやメモリ周りに不安がある方は、中位機種を選ぶかメモリを8GBに増設してください（オンラインストアで購入できます）。今後、5年くらいはストレスなく使いたい方も中位機種がお勧めです。

　音楽専用プレーヤーであれば、CPU速度がデュアルコアの2.5GHz前後、メモリが8GBあれば、まず問題は生じません。最下位機種のメモリ4GBモデルでも**音楽の再生だけならまず問題は生じない**でしょう。

　ただ、オーディオ再生機器ですから、もちろん本体だけでは完結しません。オーディオを担う大切な外付けサウンドデバイスについては次項で紹介します。

▶ サウンドデバイス、有線/無線接続

　プレーヤーとしてのPCを中心としたオーディオ再生機器の構築にあたっては、むしろ**周辺機器の活用が重要**です。現在、PCの

オーディオ再生は、

① PCのオーディオ出力をそのまま有線接続で利用する場合。

② サウンドデバイスと呼ばれ、①より高品位な再生が期待できるPC用外部オーディオ装置（昔から存在する）を有線接続する方法（図5-1）。

③ AppleのAirMac ExpressやGoogleのChromecastなどの、有線/無線ネットワーク装置を経由してオーディオを再生する方法（図5-2、5-3）。

などがあります。このように、選択肢は昔ほど限られてはいません。では、どうすれば良いのでしょうか？ 筆者は**予算**と**どのような再生システムを構築したいか**によって変わると考えています。

　例えば、プレーヤーがアンプから遠いところにしか設置できない方もいるでしょう。また、同じプレーヤーから無線LANでデータを転送して、寝室や書斎など別室でも音楽を再生したい方もいるでしょう。もちろん、各部屋にMac miniを導入しても良いのですが、メンテナンスの手間が増えることを嫌ったり、予算が無駄と感じる方も多いはずです。そこで、前者の場合は、割り切って無線LAN接続のみにしてみましょう。後者の場合は、プレーヤーとアンプは有線接続し、別室のみ無線LAN接続にしましょう（図5-4）。

　このように、選択肢がたくさんあるのを「複雑……」と考えず、ユーザーの好みに応じて有線/無線接続を切り替えられるところ**がPCをプレーヤーにするメリット**と考えれば良いのです。

図5-1　サウンドデバイス接続

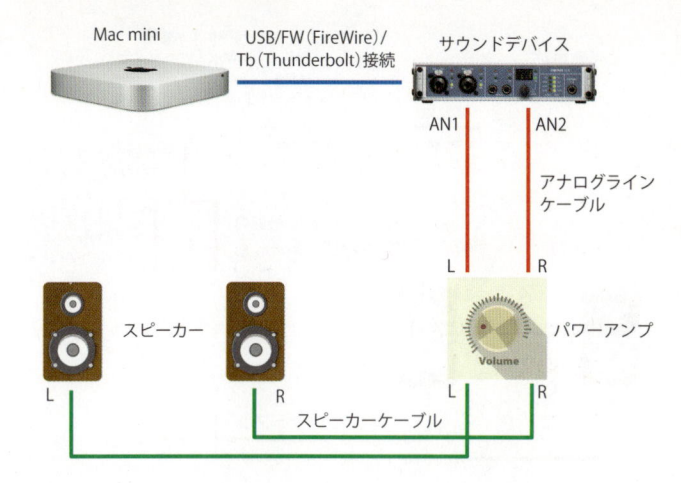

Mac mini — USB/FW(FireWire)/Tb(Thunderbolt)接続 — サウンドデバイス

AN1　AN2

アナログラインケーブル

スピーカー

L　R

パワーアンプ

L　R

スピーカーケーブル

図5-2　有線ネットワーク接続

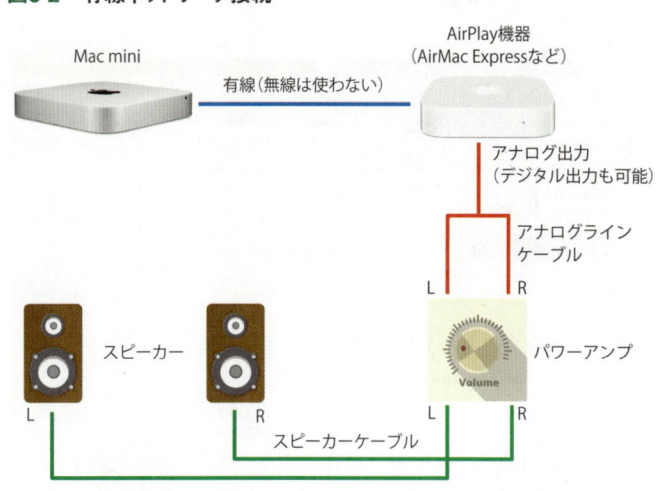

Mac mini — 有線（無線は使わない） — AirPlay機器（AirMac Expressなど）

アナログ出力（デジタル出力も可能）

アナログラインケーブル

L　R

スピーカー

パワーアンプ

L　R

スピーカーケーブル

※パワーアンプがS-75mk2の場合、AirMac ExpressとS-75mk2の接続には通常の「ステレオミニ-RCAピン端子」ではなく、「ステレオミニ-TS」もしくは「ステレオミニ-XLR」のケーブルを用いる

図5-3 無線ネットワーク接続

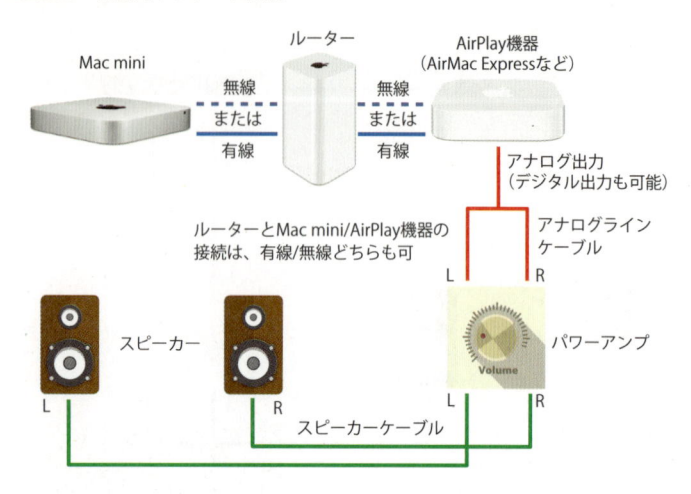

図5-4 組み合わせ例

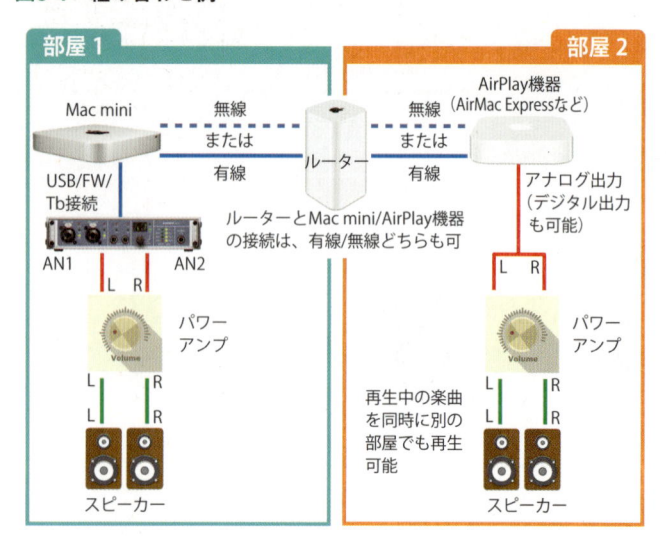

▶ 有線接続〜サウンドデバイス

有線接続の方法ですが、まず、**PC内蔵オーディオ出力機能を使用するのは、いまだあまりお勧めできません**。Mac miniの内蔵オーディオ出力は、比較的高品位ですが、やはり外付けサウンドデバイスにはかないません。

お勧めは、すでに紹介したRMEの製品です。評判はオーディオ業界でも良く、筆者もリスニング用途で使用していますが、音質に不満を感じることは、まずありません。重低音から超高音までかなりフラットで、きれいに出力してくれます。プレーヤーのお

RME Fireface UCX。第3章で行ったスピーカーのテストでも利用したサウンドデバイス（実勢価格：14万8,000円前後）
写真：シンタックスジャパン

RME Babyface Pro。ハイエンドオーディオファンからも高い支持を受けるRME社最新の小型サウンドデバイス。USBバスパワーで動作し、XLRまたはTS端子でステレオ出力する。ヘッドフォンアンプも備えており、これ1台で十分な満足が得られる（実勢価格：9万3,000円前後）
写真：シンタックスジャパン

手本のようなつくりです。

その他、オーディオファンにも評判の高いApogee Electronicsや、素直な音質にファンの支持が高いMetric Haloなどの、音楽制作で使われているサウンドデバイスは、通常プロオーディオの世界で「オーディオインターフェイス」と呼ばれていますが、この辺の製品を選んでおくと、失敗は少ないでしょう。筆者はスピーカー、アンプを除き、Mac miniよりお金をかけて良いのは、このサウンドデバイスだけだと考えています。

Mac miniには、こういう高品位なサウンドデバイスを接続し、

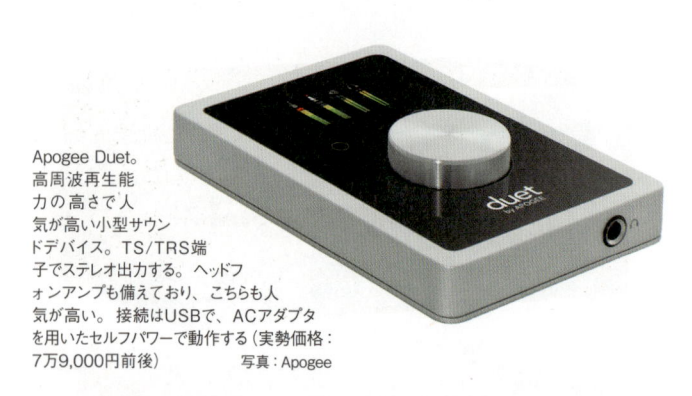

Apogee Duet。高周波再生能力の高さで人気が高い小型サウンドデバイス。TS/TRS端子でステレオ出力する。ヘッドフォンアンプも備えており、こちらも人気が高い。接続はUSBで、ACアダプタを用いたセルフパワーで動作する（実勢価格：7万9,000円前後） 写真：Apogee

Metric Haloの「Mobile I/O ULN-2 Expanded」（実勢価格：15万9,000円前後）。「素直な音」と評されるMetric Haloのモバイルユースモデル。TS/TRS端子でステレオ出力し、ヘッドフォンアンプも備える。接続はFirewire 400で、ACアダプタを用いたセルフパワーで動作する。なお、96kHzまでなら本機をお勧めするが、192kHzまで対応させたいなら、上位機種の「LIO-8」がお勧め（実勢価格：29万8,000円前後） 写真：メディア・インテグレーション

有線接続でアンプに接続すると、本来のアンプやスピーカーの性能を最大限に発揮できます。

注意すべき点は、多くの製品がプロオーディオ用なので、端子が通常のRCAピン端子ではなく、ケーブルもプロオーディオショップで購入するか、オーダーしてつくってもらう必要があることです。また、Firewire接続のみの製品の場合、Mac miniの**Thunderbolt端子に接続するための変換アダプタが必要**です。

余談ですが、これらは、入力（録音）品質も高く、たいていマイクプリアンプも内蔵しているので、専用プレーヤーの定義から少し外れますが、アナログレコードを自分でデジタル化する（通称、Restoration：レストレーション）用途にも使えますし、最近流行の実況中継やアフレコにも使えます。

サウンドデバイスについてさらに述べれば、家庭用製品として発売されているUSB DACを接続するのも良い選択肢です。特にそのブランドの音を知っていて、本当にその音が好きなら、迷わずそのブランドの製品を買うべきです。無論、良いスピーカーを入手していることが前提です。

USB DACの良い点の1つは、ほとんどの製品が専用のUSBドライバなしで動作することです。これは、ドライバのアップデートが不要なので、アップデートによって**音質が左右されない**ということです。かつて、USB接続のサウンドデバイスは、USB上で生じるノイズが問題でしたが、現在流通している高品位なUSB DACは、USB 2.0以降、家庭用/プロ用を問わず、各メーカーの努力によりほとんど問題がなくなってきたので安心して使用できます。

たとえば、Luxman「DA-06」（実勢価格：29万2000円前後）、Marantz「SA-14S1」（実勢価格：20万円前後）、Esoteric「D-07X」

（実勢価格:31万円前後）は、ジャンルを問わず良好な再生品質を提供してくれる上、入手性も良いです。

とは言っても、「なかなか予算が……」とか、「設置場所の問題で有線は難しい……」という方もおられるでしょう。その場合は、有線または無線LANで接続することになります。

▶ 有線/無線LAN接続〜AirMac Express

筆者はここまで何度も「限られた予算の中で最良の結果を得るには、まず自分の好みの音質傾向を知って、それに近い音質傾向のスピーカーを入手しましょう」と述べてきました。従って、**スピーカーよりサウンドデバイスに多額の予算をかけるのは、本末転倒**と考えています。

また、考え方の一案として、高価なサウンドデバイスを購入する前に、廉価な有線/無線LAN接続のサウンドデバイスを入手して、まず、こちらを使い倒す。将来、予算に余裕ができたら、より高価なサウンドデバイスを入手する、という良い手もあります。良いスピーカーさえ入手していれば、廉価なサウンドデバイスでも相当な満足感がありますし、だんだん機器を揃えていく楽しみもあります。

ところで、Mac miniを利用する場合、格好のサウンドデバイスがあります。それは「AirMac Express」（実勢価格:1万1,200円前後）です。もともとは名前のとおり、Appleが提供する無線LAN製品なのですが、実はこれにはアナログ/デジタル両対応のオーディオ出力端子が用意されており、高品位なD/Aコンバーターが内蔵されています。一部のオーディオファンには熱狂的に支持されているのですが、大多数の人にとっては**隠れた人気商品**です。実際、筆者も寝室などにはAirMac Expressを導入していて、

寝る前に軽く音楽をかけるときに利用しています。

オーディオファンは、AirMac Expressを有線LAN接続し、有線ネットワーク接続型サウンドデバイスのように利用していますが、筆者は無線LAN接続しています。音質に差はあるのですが、さほど大きくはありません。ですから筆者は、導入する環境と、有線/無線LANのデータ転送速度によって、有線/無線LANのどちらにするか決めるべきだと考えています。

現在、AirMac Expressは100Mbpsの有線LAN端子を備えています。100Mbpsというのは12.5MB/sということです（1Byte＝8bitなので100÷8）。実効速度は80%くらいと言われているので、期待できるのは10MB/sくらいです。これは、Apple ロスレスエンコーダでデータ化された音源にも十分に対応できる転送速度です。

Apple ロスレス方式では、大体40〜60%程度の容量圧縮が行われるようなので、仮に50%とすると、CD品質で1分10MBのデータなら、ロスレス形式で5MB。1秒ごとに約83KBです。10MB/sなら十分ですね。

一方、2016年前半のAirMac Expressがサポートしている、現在最も一般的なIEEE 802.11n規格の無線LANによる転送速度は、65Mbpsから最大で600Mbpsです。一般的には400Mbps程度が上限です。ところがこれは理論値で、実際にはその半分の速度が出れば御の字です。もっと低い転送速度になることもしばしばです。ですから、10MB/sくらいの転送速度を維持できる有線LAN接続ほどの転送速度は保証できません。現状では、IEEE 802.11n接続が上限のAirMac Expressでロスレス再生しようとすると、無線LAN接続だと音切れが生じる可能性が高くなるわけです。特にMac miniと、別室にあるAirMac Expressで無線LAN接続のオーディオ再生をしようとすると、音切れが生じる可能性がさ

らに高くなります。

　従って、Apple ロスレスデータを音切れなしで快適に再生したければ有線LAN接続がお勧めです(1世代前の速度である100Mbpsでも)。有線接続は電波状態に依存しないので、家庭のネットワークがよほど混雑しない限り、十分な転送速度を期待できるからです(図5-5)。

　もちろん、ケースバイケースで、どうしても無線LAN接続しなければならない場合もあるでしょう。その場合は、ロスレスの次にお勧めな、AAC 256kbps規格でデータ化された音源がお勧めです。これならIEEE 802.11nでも(無線ネットワークの混雑の具合によりますが)、問題が生じる可能性は減ります。

　ちなみに、無線ネットワークの混雑の具合は、皆さんの自宅の環境に依存するので一概には言えません。例えば、地方の一軒家ならネットワークが大混雑することはまずないでしょう。一方、都会のマンション住まいで、多数の人が常に無線LANでネットワークに接続している場合、IEEE 802.11nがサポートする2.4GHz帯と5GHz帯のうち、2.4GHz帯を利用すると無線信号の干渉が多発するので、音切れが生じる可能性は非常に高くなります。ただし、5GHz帯を利用すると、混雑は劇的に減ります。5GHz帯の利用の仕方は、例えば『風まかせ』(http://koozyp.blog118.fc2.com/blog-entry-2082.html) などをご覧ください。

　なお、IEEE 802.11a/g/bは、IEEE 802.11nよりデータ転送速度が遅いので、残念ながらほぼ実用に耐えません。IEEE 802.11a/gの理論値は54Mbps(約7MB/s)で、実効速度はその半分以下です。IEEE 802.11bにいたっては11Mbps(2MB/s)しかありません。この場合は、IEE 802.11nか最新のIEEE 802.11ac規格をサポートした無線LANルーターにアップグレードしてください。

できるだけ楽に設定したいなら、Appleの無線LANルーター「AirMac Extreme」(実勢価格：2万3,000円前後)もお勧めです。インターネット接続や別のPCを接続するとき、最大で1Gbpsを利用できる上、IEEE 802.11ac対応です。設定もAirMac Expressと共通なので、一度設定を覚えてしまえば、後々も楽です。

▶ AirMac Expressの音質は？

せっかくなのでAirMac Expressを実際に有線/無線LAN接続して、RME Fireface UCXと音質を比較してみました(厳密ではありませんが)。有線LAN接続は、Beldenのケーブルを使ったアナログ接続です。

結果は、有線LAN接続では、若干低域と中高域(通称プレゼンスとも言う)が、RME Fireface UCXより強め、つまり、軽いドンシャリ傾向になります。RME Fireface UCXの方がより落ち

図5-5　有線/無線LAN規格の実効速度およびAppleロスレスとAAC(256kbps)の1秒あたりの転送量の目安の比較

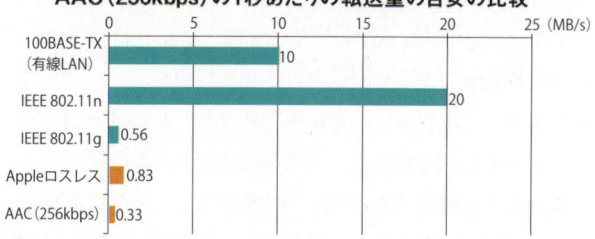

規格	MB/s
100BASE-TX (有線LAN)	10
IEEE 802.11n	20
IEEE 802.11g	0.56
Appleロスレス	0.83
AAC(256kbps)	0.33

IEEE 802.11nなら問題ないようにも見えるが、この値が出ることはあまりなく、12.5MB/s以下になることもよくある。一方、有線LANは、ほぼ常にこの速度が出るため、音切れが生じにくい

※有線ネットワークは理論値の80%
※無線ネットワークは理論値の50%
※AppleロスレスとAACの速度は単純計算
※IEEE 802.11gだとAppleロスレスの再生はほぼ不可能

着いた、レガシープレーヤーに近い感じです。超高域はRME Fireface UCXの方が出ているように聞こえます。無線LAN接続だと有線LAN接続より、もう少し中高域が強く聞こえるという印象になりました。

しかし、価格差を考慮するとAirMac Expressは大健闘です。特にネットワークケーブルを引ける環境であれば、ぜひ、有線の直接接続を試してほしいですし、予算に限りがあるなら、当面のサウンドデバイスはAirMac Expressで良いでしょう。その分、スピーカーとアンプに予算を使うもよし、将来もっと良いサウンドデバイスを購入するため予算をセーブするのもよし、です。

▶ AirMac Expressの設定

Mac miniと有線接続する場合、最終的にはAirMac Expressの無線LAN機能を無効にします。有効にしたままだと、意図せず無線LANに接続されてしまう可能性があります。ただ、Mac miniから有線で直結したAirMac Expressを直接設定する場合、通常より多少設定が面倒です。というのは、初期設定だと、ルーターを介さず、無線LANも使用せずに、Mac miniからAirMac ExpressにIPアドレスを自動取得させることはできないからです。

ネットワークにくわしい方なら、ターミナルを起動してDHCPサーバーを有効にすれば良いだけなのですが、本書はそういう知識のない方でも設定できるよう、固定IPアドレスを設定して、無線LANを無効にする設定を、簡単な通常の設定と共に紹介します。

まず、Mac miniは無線LANを有効にしておいて、初期状態のAirMac Expressを通電します。その後、Mac miniの[アプリケーション]フォルダをダブルクリックして、[ユーティリティ]フォルダ内にある[AirMacユーティリティ]をダブルクリックし、

AirMacユーティリティを起動します。その後の手順は以下のとおりです。

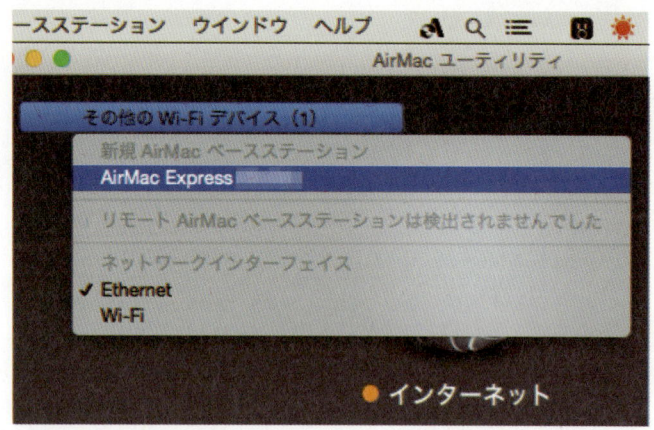

画面左上の[その他のWi-Fiデバイス]をクリックすると、[Air Mac Express xxxxx]という名前が見える。無線ネットワークに接続する場合は、メニュー内の[ネットワークインターフェイス]内で[Wi-Fi]を選ぶ。有線で自宅のネットワークにAirMac Expressを接続する場合は[Ethernet]を選ぶ

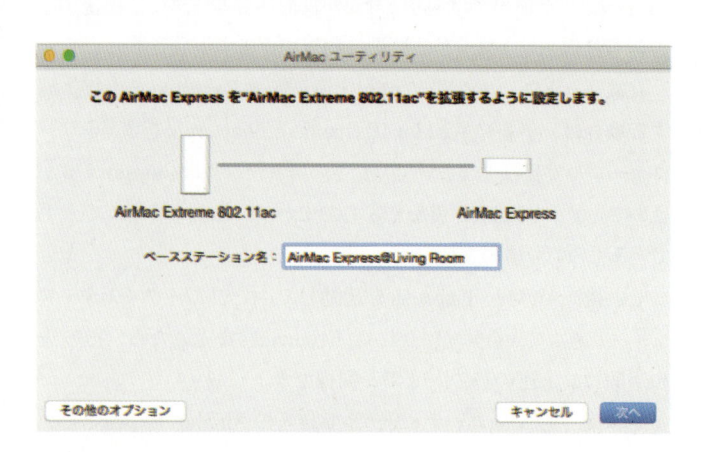

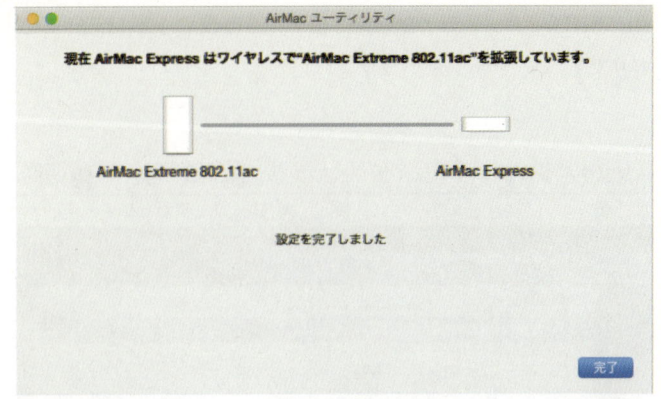

> 現在 AirMac Express はワイヤレスで"AirMac Extreme 802.11ac"を拡張しています。
>
> AirMac Extreme 802.11ac　　　　　　　　　AirMac Express
>
> 設定を完了しました
>
> 完了

もし、AirMac Extremeをルーターに使用しているのであれば簡単。AirMac Extremeを勝手に見つけてくれ、その無線ネットワークを拡張する設定にするか促される。そのまま画面の右下の[次へ]をクリックすれば、自動でネットワークを拡張してくれる。AirMac Expressを有線接続している場合も同様だ。[完了]ボタンをクリックして終了する

　Apple以外の他社製ルーターに接続する場合は、AirMac Expressを有線ネットワーク接続するのが早道です。AirMac Extremeほど簡単ではありませんが、他社製ルーターに接続する場合も無線ネットワークの拡張に利用できます。

　有線ネットワークでMac miniとAirMac Extremeを直接接続する場合は、事前にAirMac ExtremeとMac miniをネットワークケーブルで接続しておいてください。ケーブルはCategory 6がよいでしょう。Belden製なら安心ですが、ひとまず量販店で入手できるものでも構いません。

　その後、AirMac Expressを起動し、[ネットワークインターフェイス]メニューをクリックして[Ethernet]を選んだら、その後の手順は、上述の[完了]までと同様です。

　その後、AirMacユーティリティで該当のAirMac Expressをク

リックすると、メニューが現れます。メニュー右下の[編集]ボタンをクリックすると、編集画面が現れます。

	AirMac ユーティリティ			
ミテーション	インターネット	ワイヤレス	ネットワーク	AirPlay

接続方法： 静的
IPv4 アドレス： 192.168.11.199
サブネットマスク： 255.255.255.0
ルーターアドレス： 192.168.11.1
DNS サーバ：

[インターネット]をクリックして、[接続方法]を[静的]にする。続いて[ルーターアドレス]を見て、xxx.xxx.xxx.xxxの数字列のうち、最初の3つを[IPv4アドレス]にコピーし、最後の1つを、例えば[.199]などと入力する。[IPv4アドレス]に記入されている数字列が、AirMac Expressの固定IPアドレスとなる

	AirMac ユーティリティ			
ミテーション	インターネット	ワイヤレス	ネットワーク	AirPlay

ネットワークモード： 切

次に[ワイヤレス]タブをクリックする。いちばん上のメニューを開いて、[ネットワークモード]を[切]に設定する

その後、[ネットワーク]タブをクリックする。いちばん上の[ルーターモード]メニューを開いて、[切（ブリッジモード）]を選ぶ。設定が完了したら、設定画面右下の[アップデート]をクリックする。すると、設定がアップデートされる

この時点で、もし先ほど設定したIPアドレスが、他のネットワーク機器と競合するようであれば警告が出ます。その場合は、あわてずに戻って、別のIPアドレスを割り当てましょう。**199を、1から255までの他の数字に変えるだけです。**再度アップデートをクリックして、問題がなければそのまま設定終了です。

iTunesからもAirMac Expressを選択できるが、すべてのオーディオをAirMac Expressから出力する場合は、システム環境設定の［サウンド］を開き、出力したいAirMac Express（ここではAirMac Express@Living Room）を選択しておこう

▶ パワーアンプに外付けサウンドデバイスを直結する

　PCをプレーヤーにする際、音質を向上させるアイデアの1つが**パワーアンプ直結**です。**第1章で述べたとおり**、アンプは本来、多機能なコントロールアンプ（プリアンプ）とパワーアンプ部分に分かれます。実際にコントロールアンプとパワーアンプに分かれたセパレートタイプも多く存在します。

　そこでここでは、**コントロールアンプを経由せず、外付けサウンドデバイスを、直接パワーアンプに接続**します（図5-6）。アンプ直結という表現をすることもあります。このアンプ直結の利点は、**経由する部品点数が減る**ことです。

図5-6 サウンドデバイスとパワーアンプを直結

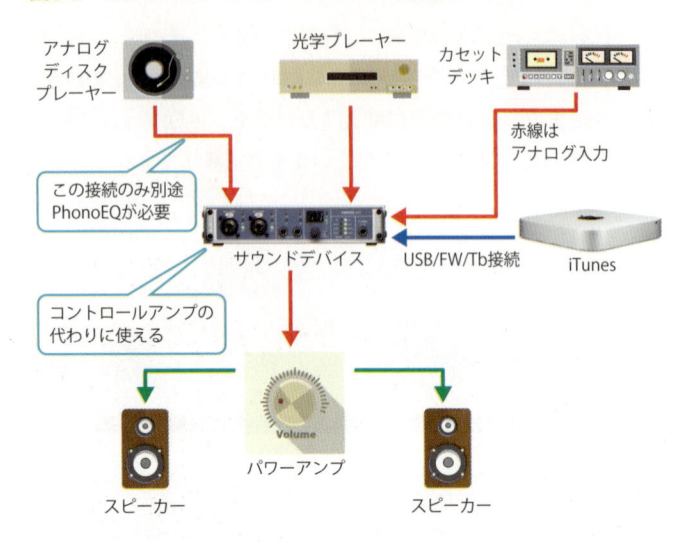

アナログディスクプレーヤー
光学プレーヤー
カセットデッキ
赤線はアナログ入力
この接続のみ別途PhonoEQが必要
サウンドデバイス
USB/FW/Tb接続
iTunes
コントロールアンプの代わりに使える
パワーアンプ
スピーカー
スピーカー

　コントロールアンプは、プレーヤーを切り替えるラインセレクターや、トーンコントロール、L/Rのバランスを変更するバランサーといった回路を通るため、どうしても多くの場合、音質的には不利です。しかし、アナログ時代は、どうしてもアナログレコードプレーヤーやCDプレーヤー、チューナー、カセットデッキと、さまざまな再生機器を切り替える必要があったため、必須だったのです。

　では、PCでオーディオを再生する現在はどうでしょうか？　購入したCDはリッピングし、インターネットから曲をダウンロードして再生するこの現代、**もはやコントロールアンプは不要**と言い切って良いかもしれません。今回紹介した、比較的高価なサウンドデバイスは、限りなくコントロールアンプに近い機能も持っており、通常、**モニターコントロール機能**と呼びます。

RME TotalMix画面。DSPを使用したミキサー機能を持つサウンドデバイスは「モニターコントロール」と言って、昔のコントロールアンプの代わりになる機能を有しているものが最近は多い。このサウンドデバイスのモニターコントロール機能を使用して、オーディオセレクター的に使うこともできる

　なお、外付けサウンドデバイスは、アナログ/デジタル入力端子も備えているので、アナログレコードプレーヤーの接続も可能です。ただし、アナログレコードプレーヤーの場合のみ、ほとんどのサウンドデバイスでは、別途、**フォノイコライザー**（フォノEQ）という装置を、アナログレコードプレーヤーとパワーアンプの間に接続する必要があります。ちなみにラジオを聞きたければ、PCがラジオ受信機になる**ラジコ**（http://radiko.jp/）にアクセスすれば良いのでチューナーは不要でしょう。また、カセットデッキは直接サウンドデバイスに接続できます。

その場合、直結するパワーアンプの1つの候補として、アナログパワーアンプを紹介します。前述したThomannの**S-75mk2**です。手ごろな価格かつプロオーディオ業界でも長年定番として確固たる地位を確立していたAmcronの**D-45**の生産が終了してしまったので、今回はこちらをお勧めしています。中古品に抵抗がなく中古市場に出物があればD-45でも良いかと思います。

　S-75mk2もD-45もプロオーディオ機器なので、プロ用サウンドデバイスとも相性が良く、XLRまたはTRSというプロオーディオで定番の端子を用いて接続できます。この場合、家庭用の－10dBという出力より大きい＋4dBでの出力が可能になります。Accuphaseなどのハイエンドの家庭用ブランドでも、この入力規格をサポートしている製品はありますが、コストパフォーマンスはS-75mk2の方が優れています。

　家庭用機器の多くは**アンバランス**という接続方法（1Hot/1Cold）ですが、XLRまたはTRSは、**バランス**という接続方法（1Hot/1Ground/1Cold）になっています。バランス接続ではアンバランス接続より音が大きくなり、ケーブルでノイズが発生しにくくなるので、遠くまでケーブルを引き回せます。

　バランス接続では、良くも悪くも音質が「カチッ」とします。もちろん好き嫌いがありますので、「通常のアンバランス接続の方が良い」という人は、**TS接続**といって、標準ヘッドフォン端子と似た、黒いリングが1つしかない端子（ヘッドフォン端子はTRSでリングが2つ）のケーブルを利用して、S-75mk2と接続することになります。

　「D-45もS-75mk2も、つくりが良くない」と言う方もいますが、プロオーディオ機器は家庭用製品と違って、それほど見た目は大事ではありません（無骨であることは違いありませんが）。もちろ

XLR端子オス

XLR端子メス

TRS端子

TS端子

ん、見た目がどうしても気に入らない方は、避けた方が良いでしょう。音質は、もちろんこの2製品が最高とは筆者も思いません。しかし、安物のマルチメディア用アンプを使うなら、S-75mk2とサウンドデバイスを直結することで、はるかにダイナミックな音質を得られます。特に部品点数の多いプリメインアンプを使用してきた方には試してほしい製品です。

とはいえ、「従来の家庭用コントロールアンプ＋パワーアンプの方が良い」と感じる方もいるでしょう。この辺りも好みなので、セパレートアンプをお持ちであれば、ぜひ一度、パワーアンプ直結を試して、自分が良いと思った接続方法を選ぶことをお勧めします。パワーアンプ直結は、あくまで一例です。その音が気に

入らなければ、元に戻せば良いだけです。今どき**コントロールアンプは必須**という**常識にとらわれる必要はない**のです。

▶ ネットワーク接続 〜 Apple TVとAVアンプ

Mac miniと親和性の高い製品と言えば、「Apple TV」(https://www.apple.com/jp/appletv/) があります。ただし、Apple TVは、HDMI接続と光デジタル接続のみ対応です。つまり、どちらかというと、テレビまたはデジタル入力に対応した**AVアンプに接続することが前提**の仕様です。テレビを中心としたオーディオシステムを構築する場合、AVアンプを利用する前提であれば、Apple TVも選択肢の1つになります。なお、テレビとApple TVを直接接続すると、再生スピーカーがテレビのスピーカーになってしまうので、オーディオリスニング用途にはお勧めできません。

Mac miniを利用して有線/無線LAN接続する場合、通常はAppleの音声/映像ネットワーク転送規格である「AirPlay」を利

Apple TV（第4世代）。第4世代ではついに光出力端子が廃止されたので、オーディオ機器として使用する際もHDMIで接続する。AirPlay経由でHDMI（デジタル）入力対応のAVアンプに接続して音楽を再生できる（実勢価格：1万9,000円前後）　　　　　　　　　　写真：Apple

用します。AirMac ExpressもApple TVも、AirPlayを利用してMac miniからオーディオデータをネットワーク転送する仕組みです。

後述しますが、AirPlayは、iTunesと並びAppleのエコシステムの中核を成す機能です。使い方がわかると、最低限の手間で最大限の利便性を享受できます。

これとは別に、テレビを中核としたシステムを構築する――つまり、ビデオ再生も視野に入れたシステムを構築するなら、高額投資になりますが、AirPlay対応のAVアンプまたはネットワークプレーヤーを購入するのも一考です。

AVアンプとマルチチャンネルスピーカーを導入すれば、サラウンドオーディオシステムも構築できます。ネットワークプレーヤーは、USB DACとAVアンプの良いとこ取りをしたステレオバージョンです。AirPlay対応製品なら、Mac miniから有線/無線LAN経由でオーディオデータを転送し、再生できます。この辺りは、構築したいシステムに応じて選択しましょう。

▶ HDDの注意点

PC周辺機器でサウンドデバイス以外に注意すべきはHDDです。音質向上のためにSSD（ソリッドステートドライブ）に換装する話も聞きますが、筆者は換装することで生じるとされる音質向上よりも、「カリカリカリ……」というHDDの動作音が問題だと思っています。そう、ノイズの問題です。

設置環境にもよりますが、これが案外、気になることがあります。その場合、Mac miniの内蔵ドライブをSSDに換装するか、外付けSSDドライブを購入すれば、たいていの場合、問題は解決します。SSD自体はほぼ無音だからです。ただし、ファンの付い

たケースに入ったものを買ってしまうと、今度はファンノイズが気になるので、放熱性の高いアルミケースなどに入った外付けSSDドライブを選ぶと良いでしょう。SSDの容量は、自分の音楽ライブラリの総量と相談ということになります。

外付けSSDドライブをMac miniで使用する場合、接続方式はUSB 3.0かThunderbolt 1の2種類ですが、プレーヤーとして考えるなら、どちらでも良いでしょう。USB 3.0のデータ転送速度は上限が実測値で、大体300MB/s、製品によってはRAID 0（ストライピング）で500MB/sを超えるものもあります。Thunderbolt 1のデータ転送速度は上限が同じくRAID 0の実測値で、大体750MB/sくらいです。

図5-7　Thunderbolt 1とUSB3.0の最大転送速度と、ハイレゾ音源の1秒あたりの転送量

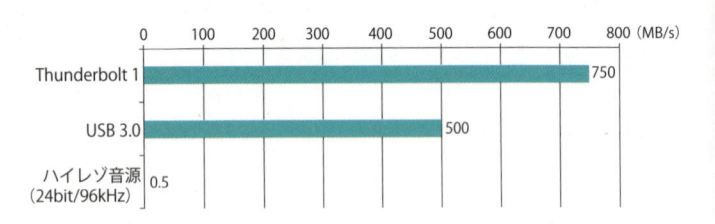

インターフェース	最大転送速度 (MB/s)
Thunderbolt 1	750
USB 3.0	500
ハイレゾ音源 (24bit/96kHz)	0.5

SSD RAID などを使って最大速度を得ると、Thunderbolt 1 で約 750MB/s、UASP モードの USB3.0 で約 500MB/s くらいが上限となる。内部 HDD の上限速度は 130MB/s、SSD は約 500MB/s。非圧縮のハイレゾ音源（24bit/96kHz）でも 500kB/s なので、Thunderbolt 1 もしくは USB3.0 を選べば、インターフェイスによるボトルネックは、どちらもほぼ生じないと考えて良い

SSDは高速転送が可能ですが、上限が6GbpsのSATA3(Serial ATA 3.0)という接続規格だと、単体ドライブの接続規格自体の上限が、大体500MB/s前後です。

　一方、楽曲のオーディオデータですが、CDクオリティの16bit/44.1kHz(非圧縮)で、1分の曲の容量が約10MB(ステレオ)です。SSDの転送速度なら、どちらでも理論上は1分のデータを1秒で転送完了です。ハイレゾ音源の24bit/96kHzでも、この約3倍なので、1分のオーディオデータで大体30MBです。まだまだ余裕ですね(**図5-7**)。

　実際には、すべてのデータをフルスピードで転送しているわけではありませんが、オーディオプレーヤーとして使うだけなら、USB 3.0とThunderbolt 1の転送速度で悩む必要は、ほとんどありません。

　音質の変化も、USBとThunderbolt 1で気にする必要はあまりないでしょう。ただしケーブルについては、一般論としてUSBなどのデジタル転送ケーブルは、長いとデータロスが生じやすい、という話も聞きますので、念のため、短め(1m以内)のものを選べば良いでしょう。ケーブルの銘柄についても、USBならBelkin、Thunderbolt 1ならAppleまたは住友電工のケーブルなどで十分でしょう。アナログケーブルのBelden同様、BelkinやAppleおよび住友電工製を皮切りにして、不満があれば他を試せば良いのです。

Column4

光学ドライブはApple純正か
パイオニア製が無難

　Mac miniは、「Mid 2011」モデルから光学ドライブを内蔵していません。iTunes Storeなどからのダウンロードでしか楽曲を入手しないのであれば問題ないのですが、筆者のように、**CDを頻繁に購入する場合、光学ドライブが別途必要**になります。

　一時、「楽曲の取り込みに使用する光学ドライブは、どれが良いのか？」といった「光学ドライブ論争」がありましたが、Mac miniで使用するのであれば、Appleが提供している純正の光学ドライブか、パイオニアの光学ドライブがいいでしょう。

　パイオニアの光学ドライブを利用するメリットは、**より正確に楽曲の取り込みができる可能性が高まる**という点です。2016年2月現在、パイオニアはMac用のドライバやユーティリティソフトを提供しているので、これらを使えば楽曲の取り込み精度を高めたり、静音モードで動作させたりできます。

　なお、ドライブそのものがパイオニア製であれば、表向きのメーカー名がパイオニアでなくても問題ありません。

　ちなみに、光学ドライブは「Mac対応」とわざわざ書かれていなくても問題なく使えます。光学ドライブは、Windowsであれ、Macであれ、その他のOSであれ、汎用ドライバで動作するよう設計されているからです。従って、ドライバが提供されていない光学ドライブは、接続時に、Mac OS X同梱の汎用ドライバを利用します。これによって、使用に不具合が発生したり、楽曲の取り込み精度に問題が生じる可能性は低いでしょう。

　ちなみに昔は、ポータブルドライブを敬遠する向きもありましたが、現在は気にする必要はないでしょう。

Chapter 6

ソフトウェアで もっと快適にする

音楽を聴くとき、いちいち Mac mini に向かうのは面倒です。本章では、スマートフォンやタブレットを活用して、Mac mini をリモートコントロールする方法を解説していきます。

Mac miniが抜群に使いやすい音楽プレーヤーになる

　ここからは、各種ソフトの設定を説明します。まずはいちばん重要なMac miniの設定です。本書ではディスプレイ、キーボード、マウスをMac miniに常時接続しないで使います。これにより、ディスプレイやキーボード、マウスの設置場所に悩むことはありません(設置したままでも構いませんが)。

　これまで、ディスプレイやキーボード、マウスのような周辺機器が邪魔でMac miniの導入を見送っていた方や、いちいちPCを操作しないと曲を選べないから不便、と考えていた方にもってこいです。

　音楽アプリを制御するのは、iPhoneのようなiOS機器、またはXperiaのようなAndroid機器です。従来のレガシープレーヤーのようにCDを交換しないので、リモートコントロールが便利になります。ですから、スマートフォンやタブレット、他のPCを持っていることが前提です。

　なお、ディスプレイを持っていなくても、テレビとMac miniをHDMI(High-Definition Multimedia Interface)で接続すれば、表示できます。マウスは汎用のものが普通に使えます。キーボードは、Mac用のキー配列があるので、Apple Keyboardなどを別途、購入しましょう。なお、Apple Wireless Keyboardもお勧めですが、初回設定時にペアリング(Bluetoothで通信する機器同士を接続すること)が必要です。

▶ いちばん最初の設定

　初回の設定時のみ、ディスプレイ(またはテレビ)とキーボード、

マウスをMac miniに接続します。テレビの場合は入力を切り替えて、Macを接続した端子が表示されるようにします。続いてMac miniをルーターに有線LAN接続、もしくは無線LANのIDとパスワードを用意してMacを起動します。初回起動時はガイダンスが表示されるので、これに従って設定します。ネットワークに接続され、アクセスしたページがWebブラウザで正しく表示されることを確認します。これで最初の設定は完了です。

次に、オーディオ関連を設定していきます。AirMac Expressの場合はドライバ類を必要としませんが、外付けサウンドデバイスを導入するような場合はそれぞれのメーカーのWebサイトで、その製品のドライバを入手してインストールします。

次に、どのサウンドデバイスから出力するかを設定(または確認)しましょう。Macでは「システム環境設定」という名前になっています。Windowsの[コントロールパネル]に相当します。

「システム環境設定」は、初期設定では[Dock]と呼ばれるアプリケーション起動ツール上に登録されているので、これをクリックする

上から2列目に[サウンド]というアイコンがあるので、これをクリックする

[出力] タブが選ばれていることを確認する。選ばれていなければ [出力] タブをクリックして選択。画面の [内蔵スピーカー] はMac mini本体のオーディオ出力。例えば、RME Fireface UCXのドライバをMac miniにインストールしてRME Fireface UCXをMac miniに接続すると、画面のように [Fireface UCX] と表示される。ここをクリックして選択すると、Macのオーディオ出力がRME Fireface UCXに設定される。設定が終わったら、[サウンド] を閉じる。画面左上の赤い丸が閉じるボタン

　次は、サウンドデバイスの設定です。サウンドデバイスにはさまざまな設定項目がありますが、設定する内容は大体同じです。

① サンプリング周波数と量子化ビット数、出力レベルの設定
② デジタル出力フォーマット
③ ミキサーの設定

　順を追って見ていきましょう。

① サンプリング周波数と量子化ビット数、出力レベルの設定
　手動で変更可能なデバイスとそうでないものがあります。手動で変更できる場合は、高めのサンプリング周波数 (kHz) と量子化

ビット数(bit)に設定しましょう。いわゆるアップサンプリング状態となり、再生能力に余裕が生まれます。CDだと16bit/44.1kHzですが、例えば24bit/192kHzだと、解像度は単純には約6.5倍です(24 ÷ 16 × 192 ÷ 44.1)。音質は約6.5倍にはなりませんが、余裕がある分、歪みにくくなったり、高域の再生がより明瞭になったり、ステレオ感が向上したりします。

なお、この設定を変更すると楽曲の音程が変わってしまったりする場合、そのデバイスはアップサンプリング非対応なので、最初の設定のままにしておきましょう。サウンドデバイスによっては、出力レベルをユーティリティ上で設定するものもあるので、この辺りはマニュアルを参照してください。

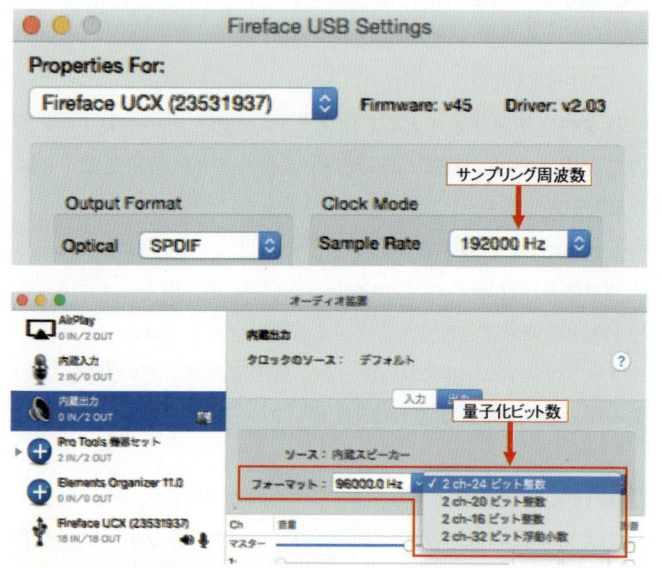

付属ユーティリティ(画面上)またはアプリケーション→ユーティリティ→Audio MIDI設定(画面下)でサンプリング周波数と量子化ビット数を設定する

② デジタル出力フォーマット

　AVアンプなどにデジタルオーディオ接続したい場合は、設定を変更しなければいけないことがあります。端子は「光(Optical)接続」「同軸(Coaxial)接続」「AES/EBU接続」の3つが主流でしょう。サウンドデバイスと接続先のアンプが、どの接続をサポートしているか確認して設定してください。

　なお、光接続と同軸接続の両方を使える場合、音質に差があっておもしろいので比較してみてください。筆者のお勧めは同軸接続です。理由は、ケーブルが長くても大丈夫なことと、音質的にも一般に劣化が少ないと言われているからです。光接続が悪いわけではありませんが、同軸接続の方が、よりカチッとした音です。例えるなら、光接続は前述の家庭用のアンバランス接続、同軸接続はプロ用のバランス接続といったイメージです。

③ ミキサーの設定

　基本的に初期設定のままで使えます。ただし、ヘッドフォン出力を利用したり、外部プレーヤーを接続すると、設定変更が必要なことがあります。PCなので、プリセットに自分の設定を保存して、一瞬で呼び出すこともできます。以下の画面は、Fireface UCXのユーティリティ「TotalMix FX」ですが、出力にイコライザー(EQ)を使うこともできます。このイコライザーは、アンプで言うトーンコントロールよりもはるかに自由度の高いものです。この辺りはマニュアルを参照してください。

▶ iTunesの設定

　ここまで設定したら、いよいよiTunesの出番です。Macで音楽を再生する場合、良くも悪くもiTunesは必須です。データ化

Fireface USXのユーティリティ「TotalMix FX」。出力に自由度の高いイコライザー(EQ)を使える

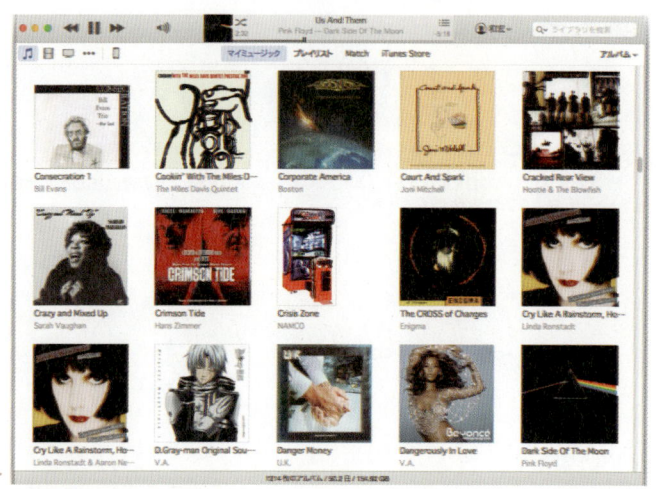

iTunesの[マイミュージック]

された音源を管理する点でも、いまだiTunesはトップクラスのアプリケーションです。まずは、iTunesを使用して音源ライブラリを構築しましょう。

リッピングをはじめる前に、以下の設定を済ませておきます。画面左上の[iTunes]メニューをクリックし、[環境設定]メニューを開きます。

[一般環境設定]という項目を選択する。[ライブラリ名]を変更しておく。その後、[CDがセットされたとき]の[読み込み設定]をクリックする

ネットワーク環境によって、Apple ロスレスかAAC 256kbpsを選ぶと先に述べたとおり、どちらかを選ぶ。Apple ロスレスを選ぶ場合は、[設定]を変えなくていい

> 読み込み設定
>
> 読み込み方法： AAC エンコーダ
>
> 設定： iTunes Plus
>
> 詳細
>
> 128 kbps（モノラル）/256 kbps（ステレオ）、44.100 kHz、VBR、MMX/SSE2 に最適化。
>
> ☑ オーディオ CD の読み込み時にエラー訂正を使用する
> オーディオ CD の音質に問題がある場合は、このオプションを使います。ただし、読み込み速度が低下することがあります。

[AACエンコーダ]を選ぶ場合は、[設定]を[iTunes Plus]にする。これが256kbps VBRの設定になる。なお、512kbpsにするくらいなら、「Bluetoothスピーカーを使用してAAC再生する」などの特別な理由がない限り、Appleロスレスをお勧めする。[オーディオCDの読み込み時にエラー訂正を使用する]のチェックボックスは、完璧なリッピングを求めるならチェックしなくて良いが、通常はチェックを入れる。CD由来の音飛びがなくなるからだ。オーディオファンにはこれを嫌う方も多いので自由だが、チェックを入れないと、CDによっては、取り込んだ音楽ファイルの再生時に音飛びが生じることがある

・音源ライブラリの保存場所

次に音源ライブラリの保存場所です。初期設定では、内蔵ストレージに保存されるので、外付けドライブを使用する場合は、必ず保存場所を変更してください。

> 詳細環境設定
>
> 一般　再生　共有　Store　ペアレンタル　デバイス　詳細
>
> "iTunes Media"フォルダの場所
> /Volumes/Neutrino/iTunes/iTunes Music　　　[変更...]　[リセット]
>
> ☑ "iTunes Media"フォルダを整理
> 音楽ファイルをアルバムおよびアーティストフォルダに置き、ディスク番号、トラック番号、および曲のタイトルに基づいてファイルに名前を付けます。
>
> ☑ ライブラリへの追加時にファイルを"iTunes Media"フォルダにコピーする

iTunesの環境設定で[詳細]をクリックする。["iTunes Media"フォルダの場所]とあるが、このiTunes Mediaフォルダが、音源ライブラリの保存場所だ。外付けドライブに保存する場合は、「/Volumes/外付けドライブの名前/iTunes/iTunes Music」にしておく。["iTunes Media"フォルダを整理]と[ライブラリへの追加時にファイルを"iTunes Media"フォルダにコピーする]の2項目は、特に理由がなければチェックを入れる

199

iTunesがインストールされている他のMacやWindows、iOSなどで、現在設定中のMac miniの音源を再生したい場合もあるでしょう。その場合は、以下のように「共有」からライブラリ全体を共有します。

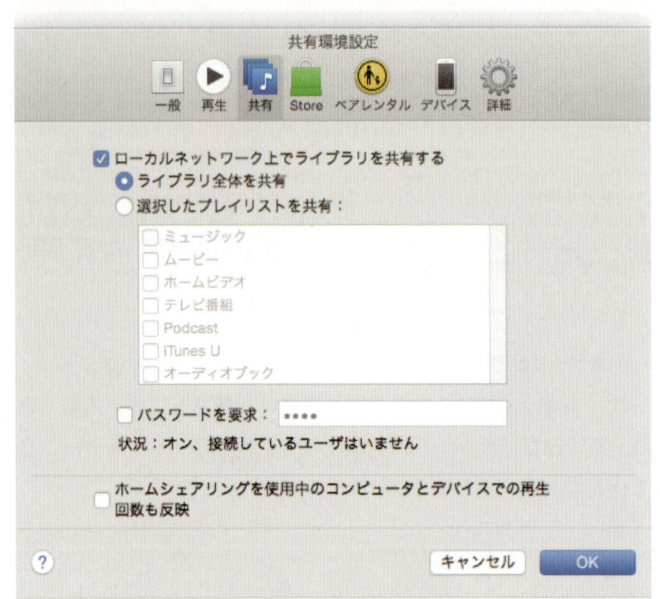

同じくiTunesの環境設定の[共有]をクリックし、[ローカルネットワーク上でライブラリを共有する]にチェックを入れる。ひとまずは[ライブラリ全体を共有]で構わない。パスワードで保護したい場合は[パスワードを要求]にチェックを入れ、使用するパスワードを入力する。すべての設定が終了したら、画面右下の[OK]ボタンをクリックして、iTunesの環境設定画面を閉じる

・CDのリッピング
　CDをリッピングするには、光学ドライブを接続し、CDを挿入します。

自動的にCDが認識され、iTunesが起動していれば、CDを読み込むかどうかを問うダイアログが表示される。[はい]をクリックすればいい

　注意が必要なのはCDのイジェクトです。Macでは光学ドライブのイジェクトボタンを押してもCDを排出できません。

[イジェクト]アイコン

iTunes上であれば、画面右の、現在挿入されているCDの画面で[イジェクト]アイコンをクリックする。デスクトップ上であれば、[CD]アイコンを右クリックして["アルバム名"を取り出す]をクリック。その他、デスクトップで[CD]アイコンをDock上の[ゴミ箱]アイコンへドラッグ&ドロップする方法もある

・AirPlay

　AirPlayでネットワーク上のAirPlay機器に出力する場合、iTunes 12では、［スピーカー］アイコンをクリックすると、接続可能なAirPlay機器が表示されます。

接続したい機器をクリックしてチェックしたら、Mac miniで再生中の楽曲が、選択した機器で出力される。例えば、Mac miniを設置している部屋で再生中の楽曲を、別の部屋（寝室や書斎など）に設置してあるAirMac Expressと、それに接続されているアンプとスピーカーで再生できる

　ひとまずはこれで十分でしょうが、詳細な使用方法はインターネット上にもたくさん記事があります。注意点は、Mac OSのボリュームコントローラではサウンドデバイス（Fireface UCXもそうです）のボリュームを制御できないことが多いことです。この場合、iTunes上でボリュームを制御してください。

▶ iOS機器でiTunesをコントロールする

　スマートフォンでiTunesの楽曲再生を制御する——今や、いとも簡単にできます。このおかげで、「Mac miniをディスプレイやキーボード、マウスに常時接続して、何かというとディスプレイに向かわなければいけない」という、PCをプレーヤーにするときの

煩わしさから解放されます。

　PCを音楽プレーヤーにしたい方は、たいていスマートフォンをお持ちでしょう。スマートフォンでなくても、iOS版のiPod Touchや、iPadなどのタブレットでも制御できます。

　まず、iOS機器ではAppleが無料で提供している純正のiTunes/AppleTV制御アプリ「Remote」があります。

Remoteをタップして起動すると、制御可能なiTunesの選択画面が現れる。先ほどのiTunesで登録したライブラリ名がここに表示される。ローカルネットワーク上で見つかったものの、PC上で起動していないiTunesは、アイコンが薄く表示され選択できない。次に、制御したいiTunesライブラリをタップする

ライブラリの内容が表示されるので［プレイリスト］［アーティスト］［アルバム］など下段のアイコンをタップして、再生したいアルバムや楽曲を見つけ、タップする

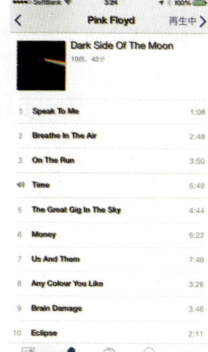

［その他］をタップすると、iTunesに登録されたビデオの再生を制御したり、ジャンルから検索したりできる。もちろん、検索アイコンをタップして、楽曲名を直接検索することも可能だ

例えば、［アルバム］をタップして選択すると、楽曲リストが表示される。再生したい楽曲をタップすると再生がはじまる

再生画面は右のようになる。ここで次の曲や前の曲に飛んだり、ボリュームを制御したりできる。iPhoneの[ミュージック]アプリと同じ感覚で制御できるので、iPhoneユーザーにはわかりやすい。右下にあるのは[Airplay]アイコン。これをタップすると、AirPlay機器の選択画面に移動する

ここで、出力したいAirPlay対応の機器を選択すると、現在Mac miniのiTunes上で再生されている楽曲が、選択したAirPlay対応機器に出力される。画面左上の[複数]をタップすると、同時にサウンドデバイス、もしくはAirPlay対応機器に同時出力できる。選択が終わったら、画面右上の[完了]をタップして再生画面に戻る

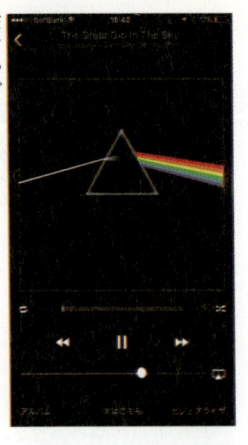

・iOS機器でiTunesライブラリの楽曲を再生する

意外な使い方として、iOS機器(iPhoneなど)で、ローカルネットワーク内にあるiTunesライブラリの楽曲を再生することも可能です。案外知られていないようなので紹介します。この場合、iPhoneの[ミュージック]アプリを起動します。

下段のアイコンの中から[その他]をタップ、続いて[共有]をタップする

[共有]画面が開き、現在、ローカルネットワーク上で起動しているiTunesライブラリが表示されるので、選択したいiTunesライブラリをタップする

ライブラリが大きいと、最初、ライブラリの読み込みに時間がかかります。iTunesを終了したり外出したりして、iOS機器がローカルネットワークと切断されない限り、その後、再度長時間の読み込みは発生しませんが、ネットワークがいったん接続されると、再度この読み込みが生じます。ストレスを感じる唯一の点です。

ここで曲を選べば、アクセスしているiOS機器のスピーカーまたはイヤフォンから、選択した楽曲が再生されます。Bluetoothスピーカーを接続している場合は、そこから音が再生されます。例えば、Mac miniを設置していない部屋、またはWi-Fiの届く庭やベランダで、iOS機器で同期していない楽曲を、iOS機器のスピーカーや接続されたイヤフォンで再生したいときに便利です。なお、この状態でAirPlay機器に出力することはできません。

読み込みが完了すると、使用中のライブラリがiTunesに切り替わり、iOS機器に保存されているライブラリと同様の制御が可能になる

▶ Android機器でiTunesをコントロールする

　Android機器には、もちろんApple純正のiTunes制御アプリなど存在しません。代わりに「Retune」という無料のアプリがあります。使い勝手は、ほとんどiPhoneアプリのRemoteと同じで、非常に良くできています。なお、最初にRetuneをiTunesに登録するときは、Bluetoothのように4桁の登録番号を入れる必要があります。また、初回起動時はMac miniの登録を求められます。

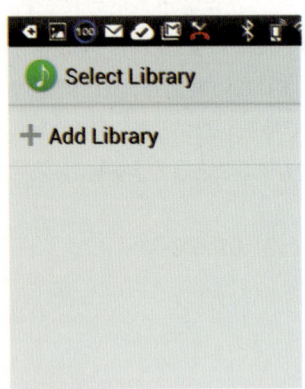

[Add Library]をタップする

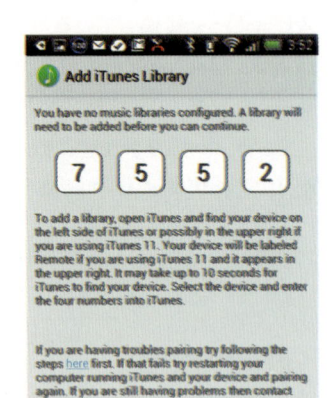

[Add iTunes Library] 画面が現れ、4桁の登録番号が表示される

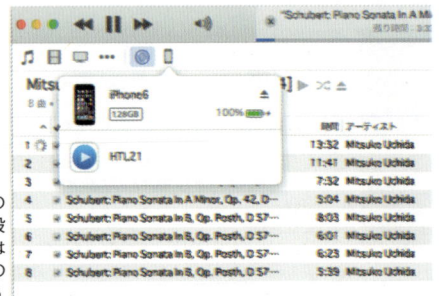

この時点で、Mac miniのiTunes上にも、Retuneで設定中のAndroid機器（ここではHTL21）が表示される。このデバイスをクリックして選択する

Mac miniのiTunes上で、Retuneで表示された4桁のパスコードを入力する

追加されたら画面が変わるので、[OK]ボタンをクリックする。すると、RetuneからiTunesの制御が可能になる

Retune画面の左上隅をタップすると、選択されているライブラリやアルバム、プレイリストなどを表示できる

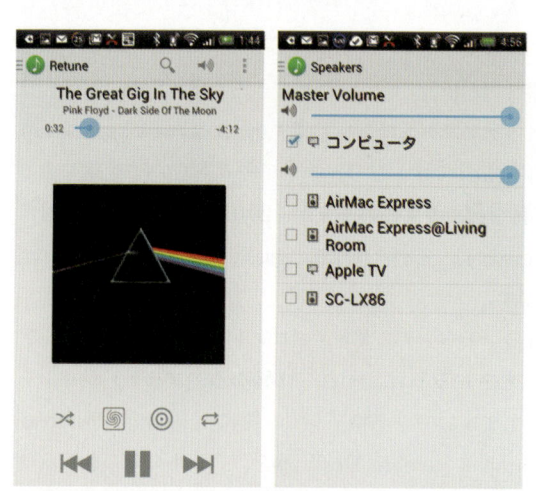

楽曲を選択すると再生がはじまる。上部の[スピーカー]アイコンをタップすれば、ボリュームを変更したり、出力したいAirPlay機器の選択もできる。なお、Retuneが持つのは、リモートコントロールの機能だけ。Android上でiTunesライブラリを再生する機能はない

▶ Mac mini自体をリモートコントロールする

　ここまで解説してきた方法は、ソフトウェアアップデート、リッピングなど、何かあるたびにディスプレイとキーボード、マウスを接続する必要があります。「これなら、ディスプレイをつないでおいた方が良い……」ということになりかねません。

　これでは不便なので、Mac、Windows、LinuxのPC、またはiOS機器、Android機器、果てはKindle機器から、ネットワーク経由でMac miniの画面を手元のデバイス上に表示し、コントロールできるようにしておきましょう。これは一般的に、リモートデスクトップコントロールと言います。

　MacにはMac同士のリモートデスクトップコントロール機能があるので、Mac miniとは別にMacを持っていて、そこからアクセスする場合は、OSのリモートデスクトップコントロール機能を使えば構いません。しかし、マルチプラットフォームで使い物になるものは限られるようです。

　筆者が実際に使用していてお勧めできるのは、Splashtopのリモートデスクトップコントロールアプリ（http://www2.splashtop.com/ja/download）です。プラットフォームあるいは時期によって呼び方が異なったりするのですが、2016年2月現在、PC用は「Splashtop Personal」、モバイル用は「Splashtop 2 Remote Desktop」と呼ぶようです。

　Splashtopのリモートデスクトップコントロールは、リモートアクセスする側とされる側に、それぞれ異なるアプリケーションをインストールします。コントロールする側にSplashtop PersonalまたはSplashtop 2 Remote Desktopを、コントロールされる側——本書の場合はMac mini——には、Splashtop Streamerというアプリケーションをインストールしておきます。

Splashtop PersonalもしくはSplashtop 2 Remote Desktopをインストールした PC/モバイル機器から、Splashtop Personal経由でMac miniにネットワークアクセスし、Mac miniのデスクトップ画面を別のPC/モバイル機器に表示できる仕組みです(**図6-1**)。

図6-1　リモートデスクトップコントロールの概念図

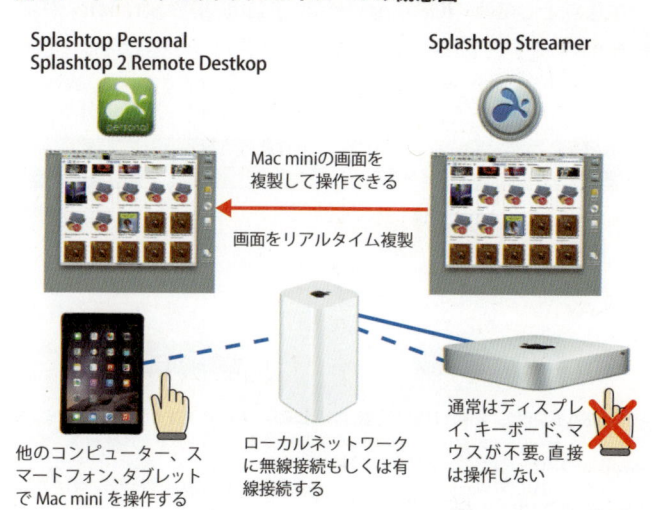

Splashtop Personal
Splashtop 2 Remote Destkop

Splashtop Streamer

Mac miniの画面を複製して操作できる

画面をリアルタイム複製

他のコンピューター、スマートフォン、タブレットで Mac mini を操作する

ローカルネットワークに無線接続もしくは有線接続する

通常はディスプレイ、キーボード、マウスが不要。直接は操作しない

ネットワーク経由なので、当然、家庭内のローカルネットワークの速度が重要になります。昨今は、ほとんどの家庭で無線LANを使用していると思いますが、筆者が試したところ、およそ2010年以降のMacやWindowsとIEEE 802.11nの無線LANがあれば、それほどストレスなくMac miniをリモートコントロールできました。もちろん、ネットワークの混雑や、他のネットワークの電波干渉の状況にもよりますので、あくまで一例ですが。

▶ リモートコントロール環境の設定

　Splashtop Personalの良い点は、本当にマルチプラットフォーム対応している点です。**Linuxも含め、仲間はずれがいない**のです。モバイルデバイスどころか、頑張ればKindleからでもコントロールできます。Splashtop Personalを使えば、キーボードやマウスの操作も、すべてモバイル機器だけで完結します。

　注意点としては、iOS、Android、Kindle用のStreamerが用意されていないので、モバイル機器のリモートコントロールはでき

PC用とモバイル用は、名前こそ違うが、設定はほぼ同じ。どちらも前述のURLから、該当するプラットフォームのSplashtop Personalをダウンロードする。Splashtop Streamerは、当然、Mac用をダウンロードする。コントロールする側がWindowsの場合、Windowsストアからダウンロードするメトロ対応の「Windows 8/RT版」と、通常の「Windows版」(デスクトップ版)がある。自分の好みに合わせて選べば良い

ダウンロードしたら、Splashtop PersonalおよびStreamerを共にインストールする。Splashtop Personalを起動すると、利用規約に同意後、アカウントを作成する画面が現れる。ここでアカウントIDとパスワードを作成して取得する

ないことです(まぁ、不要だとは思いますが)。

また、執筆時点では、iOS機器用のSplashtop 2 Remote Desktopだけ有料(360円)です。また、iPhone、iPod Touch用とiPad用は別料金です。その他は、複数ユーザーで画面を共有したり、外出先からリモートコントロールしたりしなければ無料です。

もし、iPhoneとiPadの両方を持っているのなら、iPad用のSplashtop 2 Remote Desktopだけ購入すれば良いでしょう。また、専用プレーヤーのMac mini以外にPCを持っているなら、無料で環境を構築できます。

モバイル機器からの接続も基本は同じです。App StoreやPlay StoreでSplashtop 2 Remote Desktopアプリをダウンロードし、起動するとログイン画面が現れます。ここで登録したユーザーIDとパスワードを入力し、ログインします。Mac miniがリストに表示されるのでタップして選択し、接続ボタンをタップして接続完了です。バーチャルなキーボードとマウスを呼び出した従来型の操作もできるし、モバイルデバイスらしい操作もできます。

続いてMac miniのSplashtop Streamerを起動する。先ほどSplashtop Personalで取得したIDとパスワードを入力して、ログインする。必要に応じて[コンピュータ名]を変更しておく

左のタブの中から［設定］をクリックし、［自動起動にします］にチェックしておく。これで、Mac miniの起動時、常にSplashtop Streamerが常駐し、いつでもリモートアクセス可能になる。もう1つ大事な点が、［サウンド］オプション。必ず［音声をこのコンピューターのみに出力］をクリックして、選択しておく。そうでないと、アクセスしている間、iTunesのオーディオも別のPCやモバイル機器から再生されてしまう

左のタブから［セキュリティ］を選び、［セキュリティコードが必要］をクリックしてチェックを入れ、パスワードを設定する

Mac miniにインストールされたSplashtop Streamer側でログインに成功すると、リモートコントロールする側のSplashtop PersonalにMac miniが現れる。現れない場合は、画面左上の［リロード］ボタンをクリックする

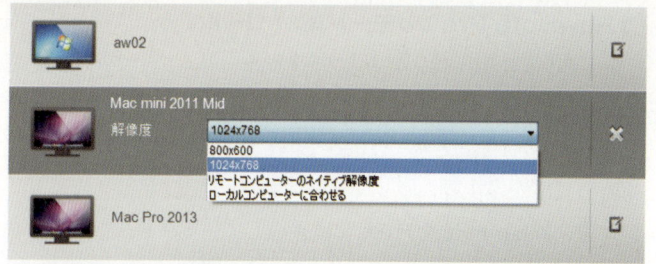

Mac miniの行の右端の[編集]ボタンをクリックする。ここで、SplashtopをインストールしたPC（ここではWindows PC）上に現れるMac miniの画面解像度を設定できる。わからなければ、[ローカルコンピューターに合わせる]で構わない。ここでは[1024×768]に設定しておく。編集が完了したら、右端の[×]ボタンをクリックして編集画面を閉じる

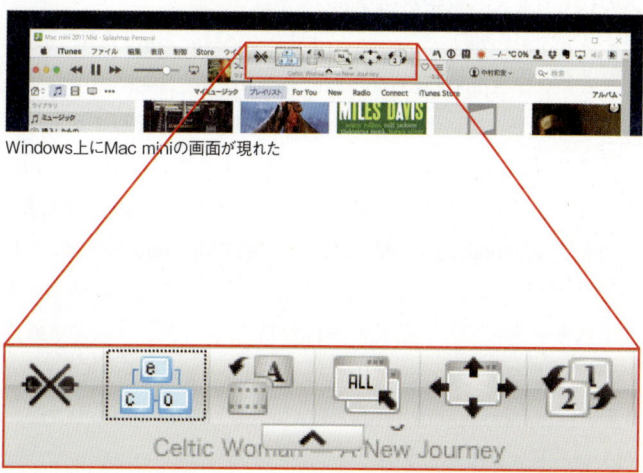

Windows上にMac miniの画面が現れた

画面のいちばん上、中央の矢印アイコンをクリックすると、解像度なども変更できる

▶ Rowmote Proでリモートコントロールする

　Splashtopの導入で、ディスプレイやキーボード、マウスを接続しなくてもMac miniをコントロールできるようになりました。CDをリッピングすることも、iTunes Storeで楽曲を購入することも、画面の反応が多少遅いのを我慢すればできます。

　一方、「Mac miniをテレビには接続しているけど、キーボードとマウスは接続したくない」方もいるでしょう。そういう方には、iOS機器なら「Rowmote Pro」というリモートコントロールアプリがあります。こちらは画面などは表示されず、**キーボードやマウスの代わりをiOS機器が担う**ものです。

　Rowmote Proは、iTunesだけでなく、Mac mini自体を制御できる点が、AppleのRemoteとは異なります。Splashtopのリモートデスクトップに近いイメージです（画面は複製しませんが）。こちらも有料（500円）ですが、1ライセンスで、iPhone、iPod Touch、iPadのすべてで利用できるユニバーサルiOSアプリです。

　なお、Rowmote Proを使うには、事前にMac miniの側で「ヘルパーアプリケーション」という小さな設定不要のアプリケーションをインストールしておく必要があるので（バックグラウンドで動作します）、開発元のRegular Rate & RhythmのWebサイト（http://www.regularrateandrhythm.com/apps/rowmote-pro/）からダウンロードして起動します。

　特にダイアログも何も出ないので、そのままiOS機器に戻ります。iOS機器に戻ったら、Rowmote Proをタップして起動します。Rowmote Proにはいくつかの画面があります。iPhoneでは**マウスモード**と**リモコンモード**です。

　なお、Android用としては**Wi-Fi Mouse**などが、Macにも対応しているようです。

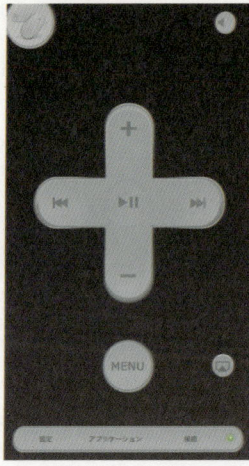

Rowmote Proのリモコンモード。Appleの純正ハードウェアリモコンをアプリ化して機能を足したような趣きだ。実際、iTunesのコントロールにも適している。画面下段の[アプリケーション]をタップすると、アプリケーションの選択画面を呼び出せる

アプリケーションの選択画面。[iTunes]をタップすれば操作できる。そのほか、Mac上のさまざまなアプリをコントロールできる

マウスモード。右下のキーボードアイコンをタップして、iPhoneのキーボードを呼び出してタイピングもできる

キーボードを表示したところ

トラックパッドモード。画面の大きさが9.7インチのiPad、7.9インチのiPad miniの場合は、iPad、iPad miniのほぼ全画面をトラックパッドとして使える。画面の広さを活かして、本物のトラックパッド以上の使い勝手を実現している

リモコンモード。この状態でもトラックパッドを利用できる。リモコンとして使うには、事前にiTunesをアプリケーション選択画面で選択しておく

▶省エネルギーモードを設定する

さて、SplashtopやRowmote Pro、Wi-Fi Mouseを利用することで、Mac miniにアクセスして、iTunesだけでなくMac全体をコントロールできるようになりました。

ここまでで、設定はほとんど済んだとも言えますが、もう少し細かく設定しておきましょう。**省電力設定と起動時に何もしなくてもiTunesが起動する設定**です。

しかし、Mac miniをスリープさせると、電力消費を抑える意味では良いのですが、「他のPCやモバイル機器からアクセスできない」または「アクセスできるが、スリープから復帰するのに時間がかかる」といった問題が出てきます。

Mac miniは、基本的にiTunesしかアプリケーションを使わないので、省電力モードにしなくてもよいでしょうが、電気代が気になる方は、寝る前にiOS機器などでのシャットダウンをお勧めします。なお、起動中に省電力モードにしないようにするには、Mac miniで[システム環境設定]を起動し、2段目の[省エネルギー]をクリックして[省エネルギー]画面を開き、ここで設定します。

起動時に何もしなくてもiTunesが起動する設定にする理由は、24時間365日の安心稼働を望むからです。筆者は「音楽を聴きたい」と思ったら、いつでもiTunesで音楽を再生できるようにしておきたいのですが、それにはMacが基本的に常に稼働している必要があります。

しかし、圧倒的に安定性が高いMac OS Xといえども、iTunesで楽曲をたくさんかけていると、どんどんメモリを消費します。iTunesの使用メモリが、OSのメモリをどんどん圧迫すると、Mac miniの動作が不安定になったり、動作も重くなります。これを解消するため、定期的に再起動をかけるのです。再起動がかかれば、

iTunesが使用しているメモリはいったん解放され、消費されているメモリがリセットされます。

　ですから、できれば毎日、最低でも1週間に1度くらいは再起動する設定にしておきましょう。再起動のタイミングは、別に8:00である必要はありません。自動的に行われる再起動なので、

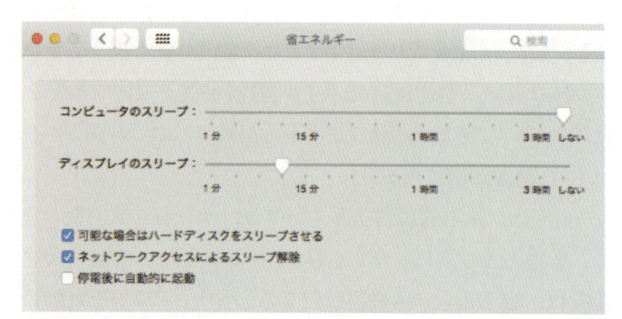

上の水平スライダで[コンピュータのスリープ]を[しない]に、[ディスプレイのスリープ]は[15分]くらいに設定。[可能な場合はハードディスクをスリープさせる]にチェックを入れると、iTunesも何も再生していないとき、HDDだけスリープできる。ただし、スリープ中の楽曲アクセスがたまに遅くなる。[ネットワークアクセスによるスリープ解除]にはチェックを入れる。[停電後に自動的に起動する]は好みで選べば良い

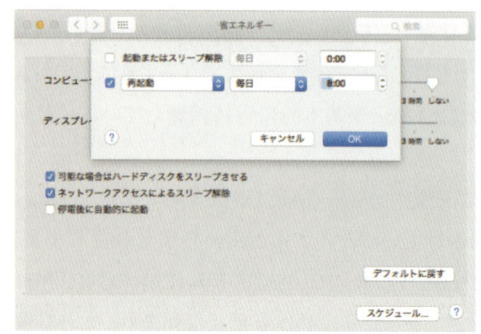

画面右下の[スケジュール]をクリックすると、再起動の時間を指定できる。画面では毎朝8:00に再起動する設定にしている。チェックボックスは忘れずにチェックを入れる

自分が絶対にiTunesを操作しない時間を設定しておけば良いのです。

▶ Mac miniの起動時にiTunesも自動で起動させる

後は毎回、Mac miniの起動時に、いちいち手動でiTunesを起動しなくても良いよう設定します。スマートフォンなどでリモートコントロールして楽曲を再生できれば、もはや専用プレーヤーとほぼ使用感は同じですね。こういう、一見細かい設定を、あらかじめ済ませておくことで、忙しい日々、Mac miniを専用プレーヤ

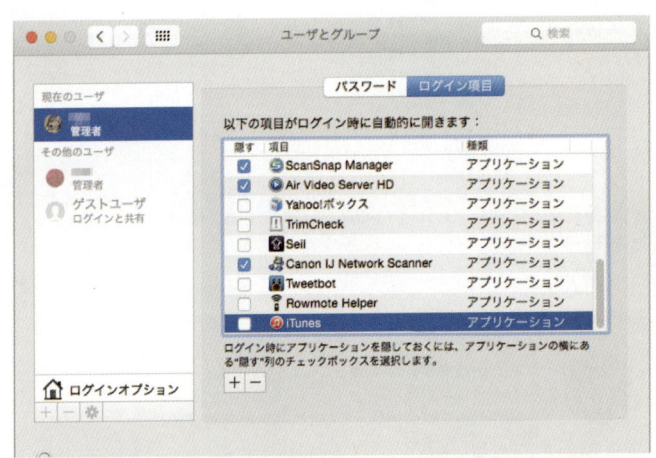

[システム環境設定]から[ユーザとグループ]をクリックする。左タブから[現在のユーザ]をクリックして選択。上のタブのうち、[ログイン項目]をクリックすると、Mac mini起動時に自動で起動される項目のリストが表示される。例えば、先ほどのRowmote Proのヘルパーアプリケーションが見える。このログイン項目に登録されていれば、そのアプリケーションは、Mac miniの起動時、毎回手動で起動しなくても自動で立ち上がる。iTunesもここに登録してしまえば、毎回手動で起動せずとも、Mac mini起動時に自動で起動し、いつでも使用できる。iTunesを登録するには、ログイン項目リストの下にある[+]ボタンをクリックする。左端のチェックボックスは、アプリケーションを隠す項目で、ここにチェックが入っていると起動時に画面が表示されない。これはiTunesを使用するときは望ましくないのでチェックを入れない

ーとして利用するときのストレスが軽減されます。専用プレーヤーへの道も最初が肝心、ということで、iTunesをログイン項目に登録しておきましょう。

ダイアログが開いたら[アプリケーション]フォルダ内の[iTunes]をクリックして選択後、画面右下の[追加]ボタンをクリック。これでログイン項目に追加された。ログイン項目から外す場合は、リストから外す項目をクリックして選択し、[ー]ボタンをクリックする

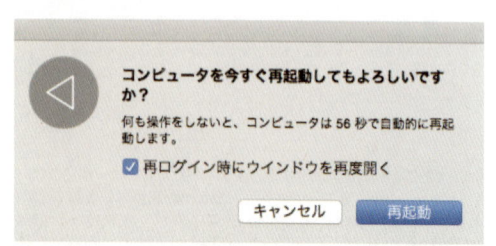

設定が終わったらシステム環境設定を閉じて、試しに再起動する。iTunesが自動で起動すれば正しく設定されている。最近のMacでは、再起動時に最後に開いていたウィンドウを表示する[再ログイン時にウィンドウを再度開く]オプションもある。チェックを入れておけば、仮に終了した状態で終わらせても、次回必ず起動時にiTunesが開くので便利だ

参考文献

B. C. J. ムーア/著、大串健吾/監訳『聴覚心理学概論』(誠信書房、1994年)

加銅鉄平/著『わかりやすいオーディオの基礎知識』(オーム社、2001年)

岩宮眞一郎/著『よくわかる最新音響の基本と応用』(秀和システム、2011年)

索引

数・英

1人多重コーラス	78
Missing Fundamentals	26、28、29
TRS接続	184
TS接続	184
XLR接続	184

あ

アンバランス接続	184、196
位相	37、40、72、73、110、154
一発録り	78
イヤーカップ型	79
インピーダンス	85、86
失われた基本波	26、28、29、57
オーディオボード	143、151、153
オシレーター	24
音響心理学	9、17、18、26、28〜30、57、76、94

か

カットオフ周波数	26、61、62、64、70
環境ノイズ	21、24、32、34、35、133、134
吸音材	157〜159
クロスオーバー周波数	72、73
原音再生	11、12、31

さ

真空管アンプ	53〜57
人工大理石ボード	143、144、149
シンセサイザー	24、89、101
ステレオ再生	35
スパイク受け	142、143、149
セミオープン(半開放)型	80
全高調波歪み率	56
増幅器	51、54、56
ソルボセイン	130、139〜142、146、148、151

た

ダイナミックレンジ	32、34、35、95
タッチノイズ	81、82
低音メロディ楽器	101
等ラウドネス曲線	30、31、52、69
トーンコントローラ	52
トランジスタアンプ	54、55

は

バイアンプ	119
倍音構成	28
バランス接続	184、196
フィルター	24、110
フォノイコライザー	183

ま

マルチトラックレコーダー	78
ミニXLR端子	85
耳当て型	80
無響室	32、133、136
モデリング	56
モノラル再生	35、37

ら

ラウドネスコントローラ	52
ラジコ	183
ルームイコライザー	110、111
レストレーション	171

サイエンス・アイ新書 発刊のことば

science・i

「科学の世紀」の羅針盤

　20世紀に生まれた広域ネットワークとコンピュータサイエンスによって、科学技術は目を見張るほど発展し、高度情報化社会が訪れました。いまや科学は私たちの暮らしに身近なものとなり、それなくしては成り立たないほど強い影響力を持っているといえるでしょう。

『サイエンス・アイ新書』は、この「科学の世紀」と呼ぶにふさわしい21世紀の羅針盤を目指して創刊しました。情報通信と科学分野における革新的な発明や発見を誰にでも理解できるように、基本の原理や仕組みのところから図解を交えてわかりやすく解説します。科学技術に関心のある高校生や大学生、社会人にとって、サイエンス・アイ新書は科学的な視点で物事をとらえる機会になるだけでなく、論理的な思考法を学ぶ機会にもなることでしょう。もちろん、宇宙の歴史から生物の遺伝子の働きまで、複雑な自然科学の謎も単純な法則で明快に理解できるようになります。

　一般教養を高めることはもちろん、科学の世界へ飛び立つためのガイドとしてサイエンス・アイ新書シリーズを役立てていただければ、それに勝る喜びはありません。21世紀を賢く生きるための科学の力をサイエンス・アイ新書で培っていただけると信じています。

2006年10月

※サイエンス・アイ（Science i）は、21世紀の科学を支える情報（Information）、
　知識（Intelligence）、革新（Innovation）を表現する「ｉ」からネーミングされています。

SB Creative

サイエンス・アイ新書
SIS-351

http://sciencei.sbcr.jp/

本当に好きな音を手に入れるための
オーディオの科学と実践
失敗しない再生機器の選び方

2016年3月25日　初版第1刷発行

著　者　中村和宏
発行者　小川 淳
発行所　SBクリエイティブ株式会社
　　　　〒106-0032　東京都港区六本木2-4-5
　　　　編集：科学書籍編集部
　　　　　　　03(5549)1138
　　　　営業：03(5549)1201
装丁・組版　クニメディア株式会社
印刷・製本　図書印刷株式会社

乱丁・落丁本が万が一ございましたら、小社営業部まで着払いにてご送付ください。送料小社負担にてお取り替えいたします。本書の内容の一部あるいは全部を無断で複写(コピー)することは、かたくお断りいたします。

©中村和宏　2016 Printed in Japan　ISBN 978-4-7973-6807-9

SB Creative